"码"上好食光

零失败简易烧烤DIY

◆甘智荣◆◆ 主编

辽宁科学技术出版社
·沈阳·

图书在版编目（CIP）数据

零失败简易烧烤DIY / 甘智荣主编. -- 沈阳 : 辽宁科学技术出版社, 2016.7
（“码”上好食光）
ISBN 978-7-5381-9491-3

Ⅰ. ①零… Ⅱ. ①甘… Ⅲ. ①烧烤－菜谱 Ⅳ. ①TS972.129.2

中国版本图书馆CIP数据核字(2015)第272581号

出版发行：辽宁科学技术出版社
（地址：沈阳市和平区十一纬路29号　邮编：110003）
印 刷 者：深圳市雅佳图印刷有限公司
经 销 者：各地新华书店
幅面尺寸：173mm×243mm
印　　张：15
字　　数：384千字
出版时间：2016年7月第1版
印刷时间：2016年7月第1次印刷
摄影摄像：深圳市金版文化发展股份有限公司
策　　划：深圳市金版文化发展股份有限公司
责任编辑：王玉宝
封面设计：闵智玺
版式设计：伍　丽
责任校对：合　力

书　　号：ISBN 978-7-5381-9491-3
定　　价：29.80元

联系电话：024—23284360
邮购热线：024—23284502

目 录
CONTENTS

第1章 烧烤物语

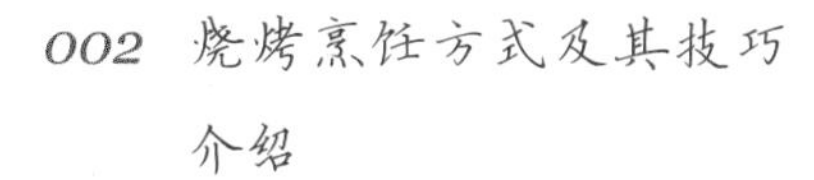

第2章 香嫩畜肉篇

飘香禽蛋篇

第  章

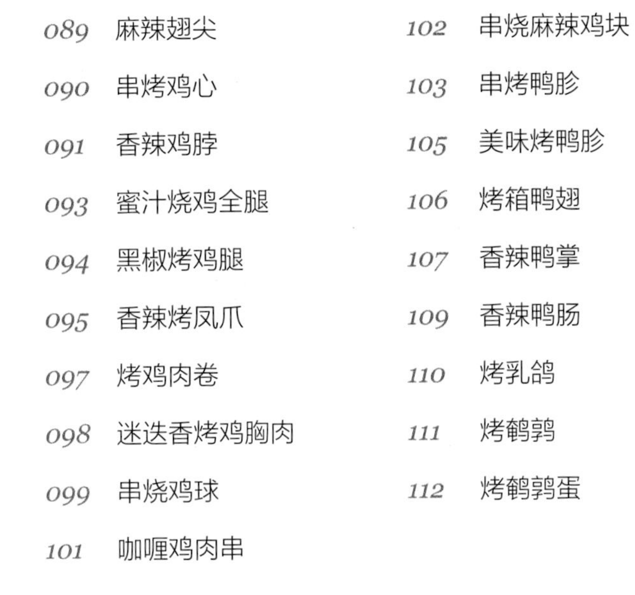

第4章 鲜香水产篇

第5章
香醇蔬果菌豆篇

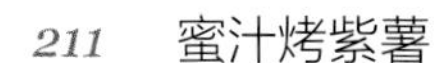

第1章

烧烤物语

火的出现改变了人类的生活，也让烧烤走进了我们的饮食生活。烧烤，这种被公认为较古老的烹饪方式，无论时间如何更新它的工具，它总是历久弥新地深受人们的喜爱。不仅仅是因为其操作简单、方便，更重要的是那不是一个人的烹饪，是大家一起共享的烹饪。

烧烤烹饪方式及其技巧介绍

■ 高温烧烤

高温烧烤,通常需要温度超过315℃，甚至有时温度会达到425～535℃之间。因此，高温烧烤是一种快速、高温的烹饪方法，直接在火焰或烧红的煤炭上烹制食物，烹饪时间通常以分钟为单位来计算。高温烧烤使得食物表面形成一层焦脆的酥皮，而酥皮又起到了保留食物本身汁液的作用，所以高温烧烤是那些喜欢食物原汁味道者们的最佳选择。如牛排、猪排、肉丸、去骨鱼片、蔬菜、面包、比萨和水果等，都适用于高温烧烤。

■ 低温烧烤

低温烧烤通常温度都在107～135℃之间，是一种长时间的、缓慢的，使用焖烧的木头或木炭来进行烹饪的低温的烤制方法。低温烧烤时，食物被置于火旁，而不是在火上，因此烹制是间接的。低温烧烤的烹饪时间也通常以小时为单位来计算。烹饪过程中大量熏烟的产生，使得被烤制的食物具有一种独特的烧烤味。这种缓慢、低温的间接加热适宜于大块肉类的烹制，诸如整头猪或整只鸡，还可用于胸肉和小排骨的烹制。

■ 直接烧烤

直接烧烤是一种高温烤制食物的烹饪方法。烧烤时，食物被放在火的上方，烤炉通常是敞开的，尤其是在烤制那些易焦的食物时，烤炉一定不要关。根据烤制食物的

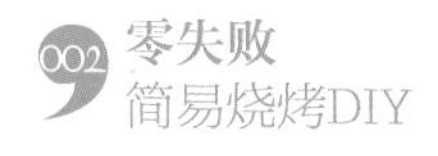

体积的大小，通常所需要的烤制时间为2～20分钟不等。有时，还会用扇子、鼓风机之类的工具来加速煤炭的燃烧。直接烧烤，适用于较薄的肉块，或是蔬菜、菌菇类等。

■ 间接烧烤

间接烧烤诞生于本世纪。因为间接烧烤介于高温烧烤与低温烧烤之间，所以被认为是一种混合烹饪方法。与低温烧烤相同，食物被放置于火的附近，而不是直接置于火上。但又因为热源在烧烤室中，所以温度比低温烧烤的温度要高，通常在176℃左右。有时人们会在煤炭或其他热源上放上木屑或木块，以产生与低温烧烤时一样的烟雾，从而使食物具有低温烧烤食物所具有的独特味道。间接烧烤同时兼具高温烧烤与低温烧烤的优点，如高温烧烤所用的木炭，低温烧烤所产生的特殊熏烟，而且烤制时间上快于低温烧烤，又比直接烧烤对于时间的要求要宽松得多。

■ 巧用锡箔纸

烤制任何食材时，都可以用锡箔纸将其包裹住，再放置于烤架上烧烤。就禽肉类食材来讲，如果直接将其置于烤架上的话，肉类中因加热而被分解出来的脂肪会滴于炭火上，继而生成烟雾，这样会破坏食材的营养成分，也会影响其口感。用锡箔纸包裹住肉类后再烤制的话，可有效防止其脂肪的溢出，降低被烤焦的可能，而且还可以使得肉质更加嫩滑。就水产类食材而言，用锡箔纸包着烤制，有助于其鲜味的保留。而蔬果菌

豆类的食材，如用锡纸包着烤制的话，可以有效防止其被烤焦。

■ 巧用酱汁

烤制之前，可以将肉、鱼等食材用专门的烤肉酱汁腌渍一下，这样有助于烤制过程中食材营养成分的保留，而且烤熟的食物味道更佳。烧烤汁中含有如柠檬汁、番茄酱、大蒜汁等酸性、还原性的物质成分，这些成分具有一定的抗癌、防癌功效，它们在鲜肉、鲜鱼的表面起到了一定的保护作用，可有效地阻碍有害物质的生成。此外，烤肉酱汁中还含有淀粉、糖等成分，它们附着于鲜肉、鲜鱼的表面，烤制过程中吸收炭火的热量，可有效地保护中间的肉块不会因温度骤然升高而致焦煳。同时，为了保留烤肉酱汁鲜艳的色泽，烤制过程中不宜火候过大，而且要不断地翻转被烤制的食物，避免其局部受热过度，从而降低有害物质产生的概率。

■ 巧用木炭

烧烤燃料最好选用木炭，而不是化学炭。炭烤食物的特殊风味主要来自于高温时木炭散发出的香味，因此，选用好的烧烤燃料是享受美味的基础。选择木炭时，最好选择容易点着的树枝部分。质量好的木炭通常燃烧时间较长，火势好。木炭要待其烧到透明红热的时候，再把它摊平来烤。如果木炭的表层还未烧透就放置食材来烤的话，食物容易被弄脏、弄黑。

猪肉、牛肉那点儿事

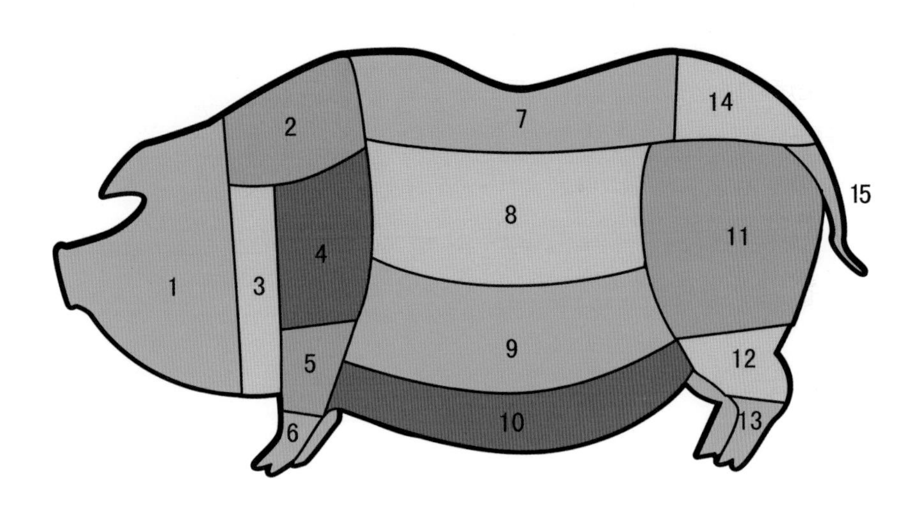

■ 话说猪肉那点儿事

1 → **猪头肉：** 猪头肉部位包括上下牙颌、耳朵、上下嘴尖、眼眶、核桃肉等。其皮质较厚、质地老、胶质含量高。适宜凉拌、卤、腌、熏、酱腊等烹制方法。

2 → **凤头皮肉：** 凤头皮肉又称上脑。此部分的肉质较嫩，肉皮较薄，微有脆性，瘦中有肥。适宜卤、蒸、烧和做汤用。

3 → **槽头肉：** 槽头肉又称颈肉。这个部位的肉肥瘦相间，质地较老，比较适宜做包子、饺子馅，或红烧、粉蒸等。

4 → **前腿肉：** 这个部位的肉半肥半瘦，肉质较老。适宜凉拌、卤、烧、腌、酱腊等烹制方法。

5 → **前肘：** 前肘又被称为前蹄膀。前肘处的肉皮较厚、筋多，且胶质含量较高。适宜凉拌、烧、制汤、炖、卤、煨等。

6 → **前脚：** 前脚又名前蹄、猪手。前脚只含有皮、筋、骨骼，而且胶质丰富。适宜烧、炖、卤、煨等烹饪方法。

7 **里脊皮肉：**里脊皮肉肥瘦相连，而且肉质很嫩。适宜卤、凉拌、腌、酱腊等烹饪方法。例如家喻户晓的回锅肉。

8 **正宝肋：**正宝肋部位的肉，肥瘦兼有，肉皮薄，肉质较好。适合蒸、卤、烧、煨、腌等烹饪方法。如有名的粉蒸肉、红烧肉。

9 **五花肉：**因为这个部位的肉一层肥一层瘦，共有五层，所以得名五花肉。五花肉肉质较嫩，肥瘦相间，皮薄。适宜烧、蒸等烹饪方法。

10 **奶脯肉：**奶脯肉又被称为下五花肉、拖泥肉等。奶脯肉位于猪腹部，肉质较差，肥多瘦少，多泡泡肉。通常适宜烧、炖等烹饪方法，或做炸酥肉等。

11 **后腿肉：**后腿肉有肥有瘦，肥瘦相连，肉质嫩又好，而且皮较薄。适宜凉拌、卤、腌、做汤等。

12 **后脚：**后脚又被称为后蹄。质量较前蹄差，其用途相同。

14 **臀尖：**臀尖部位的肉质较嫩，肥肉多瘦肉少。适宜凉拌、卤、腌等烹饪方法。

15 **猪尾：**猪尾处的肉质皮多、脂肪少、胶质较重，适宜烧、卤、凉拌等。

■ 话说牛肉那点儿事

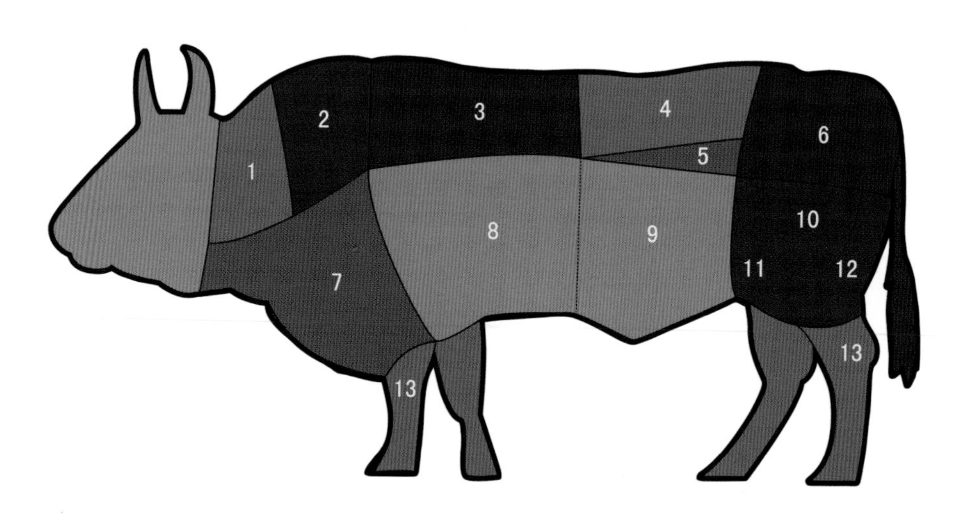

1 **颈肉：**牛颈部位的肉肥瘦兼有，肉质较干，而且比较厚实，但肉纹有些乱，所以比较适合做馅或煲汤用，是做牛肉丸的最佳原料。

2 **肩肉：**牛肩部的肉是由相互交叉的两块肉组成，纤维较细，口感滑嫩，所以适合用炖、烤、焖这些方法烹饪，是做咖喱牛肉的最佳选择。

3 **牛脊背的前半段：**筋少，肉质极为纤细，适合拿来做寿喜烧、牛肉卷、牛排等。为口感最嫩的肉之一，是上等的牛排肉及烧烤肉。

4 **上里脊：**也叫上腰肉，是西餐菜单中的西冷牛肉。肉质为红色，容易有脂肪沉积，呈大理石斑纹状。肉质柔细，肉形良好，适合炒、炸、涮、烤。

5 **里脊：**里脊肉是牛肉中肉质最柔软的部分，而且几乎没有油脂，低脂高蛋白，是近年讲求健康美食者的最爱，适合炒、炸、涮、烤。

6 **臀肉：**又称后臀尖，脂肪少，肌肉纤维较粗大，口感略涩，适合整块烘烤、碳烤、焗，做牛排味道佳。西餐中作为汉堡馅料和牛肉酱原料。

7 **下肩肉：**脂少肉红，肉质硬，但肉味甘甜，胶质含量也高，适合煮汤。

8 **前胸肉：**肉虽细，但又厚又硬，可拿来做烧烤。

9 **后胸肉：**即五花肉及牛腩的部位。肉质厚、硬一点，但油脂多。煎、炒、烧烤或炖皆宜。

10 **头刀：**牛后腿肉的一部分，适合经调味烹煮做成冷盘。

11 **和尚头：**此部位肉的脂肪较少，肉质柔软，可切成薄片来烹煮。

12 **银边三叉：**此处肉的脂肪少，为牛肉里肉质最粗糙的部分。适宜用小火慢慢卤或炖，再切成薄片食用。

13 **步腱子：**步腱子肉油脂虽少，但经小火慢炖后，却能呈现出柔细的口感，很适合拿来炖煮或入汤。

烧烤时
一定要吃的蔬菜

■ 玉米

玉米中含有蛋白质、矿物质、维生素、亚油酸、叶黄素等营养成分，有健脾益胃、预防心脏病及癌症等功效。

将玉米放在烤架上烤制15~20分钟，香喷喷的烤玉米就可以出炉了。烤制过程中要经常翻转玉米，以免烤焦。

■ 西葫芦

西葫芦含有维生素C、胡萝卜素、瓜氨酸、腺嘌呤、糖分、钙等营养成分，具有清热利尿、除烦止渴、润肺止咳等功效。

将西葫芦切成约1.5厘米厚的片，刷上食用油后，放置于烤架上，烧烤过程中要时常翻动，以免烤焦。

■ 上海青

上海青含有蛋白质、碳水化合物、粗纤维、胡萝卜素、维生素、钙、磷等营养成分，具有保持血管弹性、保护皮肤和眼睛等功效。

将洗净的上海青穿成串后，两面均刷上食用油，放到烤架上即可，烤制时间约为2~3分钟。

■ 辣椒

辣椒含有多种抗氧化物质、维生素等营养成分，有开胃助食、降脂减肥、保护肾脏、保健美容、杀菌排毒、暖胃驱寒的作用。

辣椒是最适合烧烤的蔬菜之一。将辣椒对半切开，去籽，放在烤架上，烤制10~15分钟至变色起泡即可。

■ 茄子

茄子含有丰富的蛋白质、脂肪、碳水化合物、维生素、钙、磷、铁等营养成分。其所含的维生素E有防止出血和抗衰老的功能。

将茄子对半切开后，刷上食用油，烤至变软即可。

■ 红薯

红薯富含钾、叶酸、胡萝卜素、维生素C等成分，有助于预防心血管疾病。另外红薯富含粗纤维，有预防便秘、润肠通便的功效。

将红薯切片，刷上蜂蜜，烤至变软即可。也可将个头不大的红薯整个放在烤架上烤制，烤至变软即可。

■ 花菜

花菜含有蛋白质、胡萝卜素、维生素C、钙、磷、铁、钾、锌等营养成分，具有增强免疫力、保护视力、补脾和胃等功效。

将花菜洗净切成小朵，穿成串，刷上食用油后置于烤架上，烤制时间约为5~6分钟。

■ 莲藕

莲藕含有蛋白质、淀粉、膳食纤维、维生素C、铁等营养物质，具有清热解毒、消暑、保护血管、增强人体免疫力等功效。

将莲藕洗净后切片，刷上食用油，放置于烤架上，烤制过程中要时常翻转，以免烤焦，也可将其穿起来烤。

■ 韭菜

韭菜含有蛋白质、挥发油、糖类、维生素A、维生素C、铁、钾等营养物质，有“菜中之荤”的美誉，具有健胃、提神、明目、润肺、补肾等功效。

将韭菜洗后穿成串，刷上适量的食用油，放置到烤架上，烤制过程中只需翻转一次，3分钟左右即可取下食用。

■ 菠菜

菠菜含有维生素C、维生素E以及铁、钙、磷等营养成分，具有增强抗病能力、补血等功效。此外，菠菜中的植物粗纤维含量较高，具有促进肠道蠕动的作用，可帮助消化，利于排便。

将菠菜洗净后，用食用油、食盐、蒜蓉腌渍至入味后，穿成串，烤2~3分钟即可。

■ 土豆

土豆含有丰富的维生素B_1、维生素B_2以及纤维素、微量元素、胡萝卜素、蛋白质、脂肪、淀粉等营养成分，具有润肠通便、增强免疫力、加速代谢、健脾和胃等功效。

烤土豆时，可用盐水把土豆煮至半熟后趁热切开，刷上食用油，放到烤架上，或直接将生土豆放在烤架上，烤15~20分钟即可。

■ 四季豆

四季豆含有蛋白质、不饱和脂肪酸、维生素C、铁等营养成分，具有调和脏腑、益气健脾、消暑化湿、利水消肿等功效。

将洗净的四季豆切段，穿成串，刷上食用油，烤制5~6分钟即可。

第2章

香嫩畜肉篇

据说伏羲是第一个用火将肉烤熟的人，被人们冠以“庖牺”之名；英国首相卡梅伦则自己给自己冠以“烤肉先生”之名。古往今来，烤肉可谓是“引无数英雄竞折腰”。我们也一起来折折腰，享受一下让人垂涎的烤肉吧！有韩剧中出镜率极高的烤五花肉，有美式烧猪排，有法式烤羊柳，还有烤台湾香肠……真是足不出户的美食之旅！犹豫着从哪道先开始吗？当然是你最爱的那一道！

蜜汁猪扒

38分钟　2人份

原料

猪颈肉…200克

调料

生抽…5毫升
蜂蜜…15克
橄榄油…8毫升
食盐…3克
鸡粉…5克
黑胡椒碎…适量
食用油…适量

/做法/

1. 将猪颈肉装碗，加鸡粉、食盐、生抽、黑胡椒碎、橄榄油、蜂蜜腌渍30分钟。
2. 在烧烤架上刷上适量食用油。
3. 将猪颈肉放到烧烤架上，用中火烤3分钟至变色。
4. 将猪颈肉翻面，刷上蜂蜜，用中火烤3分钟至上色。
5. 翻转猪颈肉，用中火继续烤至熟。
6. 将烤好的猪颈肉装入盘中即可。

小提示：因为放入的其他调料比较多，所以腌渍猪肉时可以不加食盐或少加食盐。

蜜汁烤带骨猪扒

42分钟　2人份

原料

带骨猪扒300克

调料

蜂蜜20克，蒙特利调料10克，烧烤汁、孜然粉、辣椒粉、食用油各适量

/做法/

1. 用刀背轻拍猪肉使肉质松散，再平铺盘中。
2. 猪扒两面均匀地撒上蒙特利调料、孜然粉、辣椒粉，再抹上蜂蜜、烧烤汁腌渍30分钟。
3. 烧烤架上刷上食用油，放上猪扒，两面各用中火烤约5分钟至变色。
4. 再次翻面，刷上烧烤汁、蜂蜜、食用油，烤约1分钟至熟，将烤好的猪扒装盘即可。

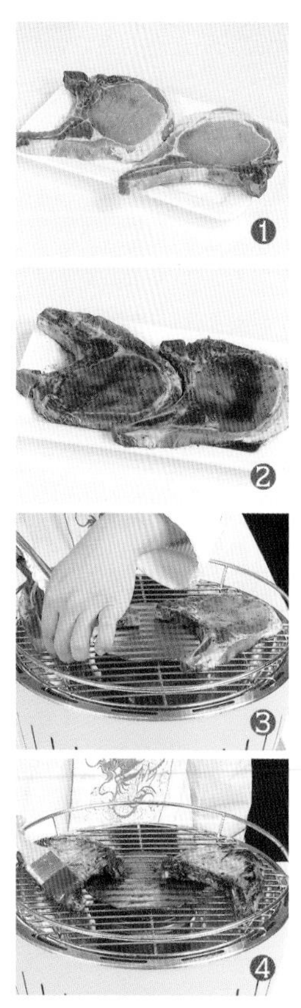

香烤五花肉

33分钟　2人份

原料

熟五花肉180克，去皮土豆160克，韩式辣椒酱30克，蜂蜜20克，葱花少许

调料

食盐、鸡粉各1克，胡椒粉2克，蚝油5克，老抽3毫升，生抽5毫升

/做法/

1. 土豆洗净切片；将葱花、蜂蜜、韩式辣椒酱、食盐、鸡粉、老抽、胡椒粉、蚝油、生抽放入空碗中，制成调味汁。
2. 熟五花肉装盘，并在其表面刷上调味汁；烤盘铺上锡纸，放上土豆片、五花肉，以上、下火200℃烤至五六成熟。
3. 将五花肉翻面，再放入烤箱中烤15分钟至熟透入味。
4. 取出烤盘，将烤好的五花肉切成片，摆在切好的土豆片上即可。

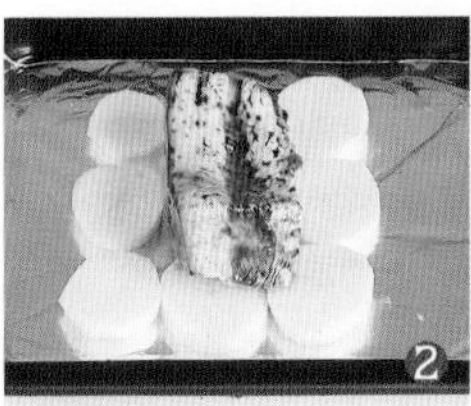
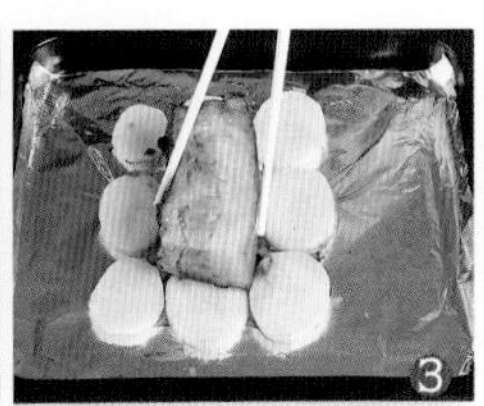

炭烤菠萝肉串

27分钟　2人份

原料

菠萝肉…200克
猪肉…150克

调料

食盐…3克
烧烤粉…5克
生抽…5毫升
橄榄油…5毫升
白胡椒粉…适量
食用油…适量

/做法/

1. 菠萝肉、猪肉均洗净切小块；用烧烤粉、白胡椒粉、食盐、生抽、橄榄油腌渍15分钟，至猪肉入味。
2. 用鹅尾针将猪肉、菠萝肉依次穿成串。
3. 烧烤架上刷上适量食用油，放上烤串，用中火烤5分钟至变色。
4. 将烤串翻面，撒上烧烤粉，刷上生抽，撒上食盐，再刷上食用油，用中火烤5分钟至入味。
5. 再次翻转烤串，撒上烧烤粉，刷上生抽、食用油，用中火烤1分钟至熟。
6. 将烤好的菠萝肉串装入盘中即可。

小提示：可以将猪肉切成比较小的块，这样在烤制过程中不易烤焦，且易熟。

肉末烤豆腐

24分钟　2人份

原料

老豆腐300克，肉末85克，香菇丁40克，青椒丁、红椒丁各30克，香辣豆豉酱适量

调料

食盐少许，鸡粉2克，孜然粉、食用油各适量

/做法/

1. 豆腐洗净切块，切上刀花；用油起锅，下肉末炒匀，加香辣豆豉酱、香菇丁、青椒丁、红椒丁、食盐、鸡粉炒入味，盛出。
2. 烤盘中铺上锡纸，刷上食用油，放入豆腐块，盛入炒好的馅料，撒上孜然粉。
3. 放进预热的烤箱中，以上、下火200℃烤约20分钟。
4. 取出烤盘，微冷却后将烤好的菜肴装在盘中即可。

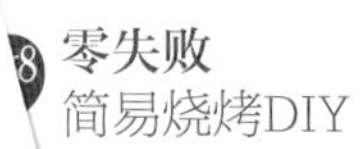

黑胡椒烤贡丸

🕓 8分钟　✂ 2人份

原料

贡丸250克，生菜少许

调料

黑胡椒碎10克，烧烤粉5克，烧烤汁5毫升，孜然粉、食用油各适量

/做法/

1. 贡丸洗净切十字花刀，用竹签穿成串；烧烤架上刷食用油，放上贡丸串，用中火烤至上色。
2. 将贡丸串翻面，刷上食用油、烧烤汁，撒上烧烤粉、孜然粉、黑胡椒碎，烤约2分钟。
3. 旋转贡丸串，刷上食用油、烧烤汁，撒上烧烤粉、孜然粉、黑胡椒碎，旋转贡丸串，烤约2分钟至熟。
4. 将洗净的生菜摆在盘中，放上烤好的贡丸串即可。

韩式烤花腩

29分钟　2人份

原料

五花肉片…150克

调料

芝麻油…10毫升　烧烤粉…5克

烧烤汁…5毫升　辣椒粉…5克

OK酱…5克　柱侯酱…3克

烤肉酱…5克　孜然粉…适量

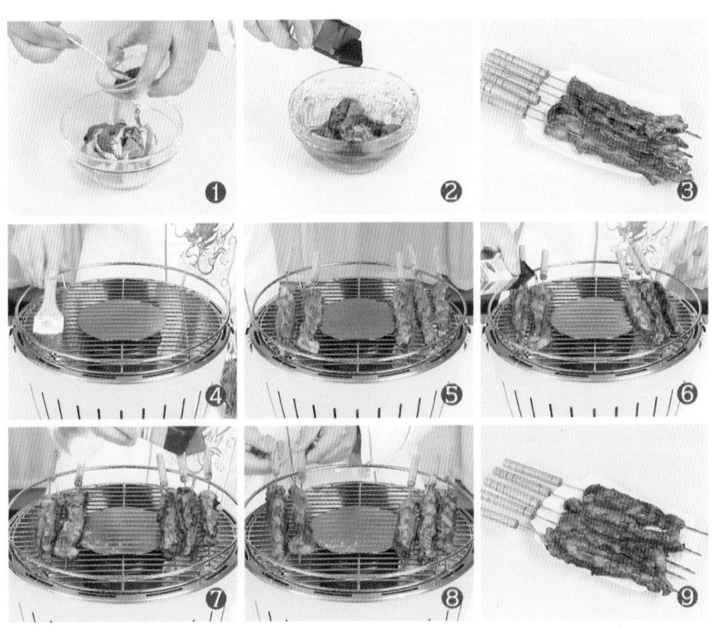

/做法/

1. 将五花肉装入碗中，加入烧烤汁、烧烤粉、辣椒粉、烤肉酱拌匀。
2. 碗中加入柱侯酱、OK酱、芝麻油，用筷子搅匀，撒入孜然粉，拌匀，腌渍20分钟。
3. 用烧烤针将五花肉片呈波浪形穿好。
4. 烧烤架上刷上适量芝麻油。
5. 将肉串放到烧烤架上，用大火烤3分钟至变色。
6. 将肉串翻面，撒上孜然粉，用大火烤3分钟至变色。
7. 再次翻转肉串，撒上孜然粉，用大火烤1分钟。
8. 最后将肉串翻面，用大火烤1分钟至熟。
9. 将烤好的五花肉装入盘中即可。

小提示： 五花肉的烤制时间可以稍微久一点，这样能够减少其油腻感。

烤箱版肉馅酿香菇

32分钟　2人份

原料

香菇100克，牛肉末90克，葱花、姜末、朝天椒圈各少许

调料

食盐、鸡粉、胡椒粉各1克，生抽、料酒各5毫升

/做法/

1. 牛肉末装碗，用葱花、姜末、料酒、生抽、食盐、鸡粉、胡椒粉腌渍10分钟。
2. 将腌好的牛肉末放在香菇上，再放上朝天椒圈，制成肉馅酿香菇生坯。
3. 将生坯放在烤盘上，以上、下火200℃烤20分钟至食材熟透。
4. 取出烤盘，将烤好的肉馅酿香菇装盘即可。

圆椒镶肉

36分钟　2人份

原料

圆椒2个，培根末50克，胡萝卜末20克，洋葱末20克，西芹末20克

调料

鸡粉3克，食盐3克，橄榄油10毫升

/做法/

1. 将胡萝卜末、洋葱末、西芹末倒入培根末中，加入食盐、鸡粉、橄榄油拌匀，腌渍5分钟。
2. 将洗净的圆椒尾部切平，但不切破，去蒂，去籽，撒上食盐，倒入培根馅，压实。
3. 把圆椒放入铺有锡纸的烤盘中，用上、下火250℃烤30分钟至熟。
4. 取出烤盘，将烤好的食材装入盘中即可。

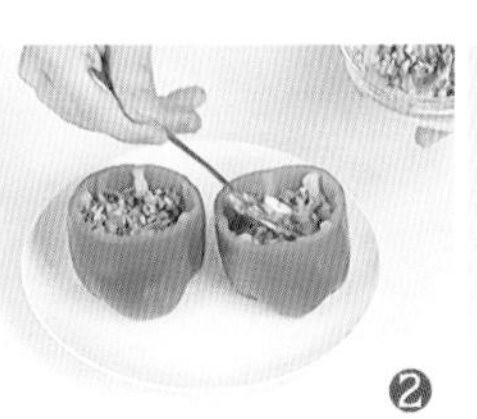

IY

美式烧猪排

⏱ 40分钟　✂ 3人份

原料

猪排…500克

调料

食盐…3克
烤肉酱…10克
OK酱…10克
辣椒粉…10克
蜂蜜…10克
鸡粉…5克
烧烤汁…10毫升
辣椒油…10毫升
孜然粉…适量
食用油…适量

/做法/

1. 将猪排上多余的肉剔除，切上花刀，装碗。
2. 猪排两面均匀地抹上食盐，加入鸡粉、孜然粉、烧烤汁，再倒入辣椒粉、辣椒油腌渍至入味。
3. 烧烤架上刷上食用油，放上猪排，分别用小火8分钟烤至两面呈红褐色。
4. 将猪排两面分别刷上食用油、OK酱、烤肉酱、烧烤汁、蜂蜜，用小火烤5分钟。
5. 将猪排夹起，四面用小火均匀地烤3分钟，用小刀在猪排上划小道口子。
6. 在猪排表面刷上食用油、OK酱、烤肉酱、烧烤汁、蜂蜜，两面用小火各烤5分钟后，装盘即可。

小提示：可以用刀背在猪排上拍几下再腌渍，这样猪排更易入味。

炭烤肉排

78分钟　　2人份

原料

肉排3根

调料

孜然粉、OK酱、烤肉酱各5克，食盐、鸡粉各3克，烧烤汁10毫升，食用油适量

/做法/

1. 肉排洗净切花刀，用食盐、鸡粉、孜然粉、烧烤汁、食用油腌渍约1小时。
2. 烧烤架上刷上食用油，放上肉排，用小火烤5分钟至上色，翻面，再刷上食用油，用小火续烤5分钟至上色。
3. 在肉排上刷上食用油、烧烤汁、烤肉酱、OK酱，用小火烤两个侧面各3分钟。
4. 肉排上刷上食用油后，翻面，用小火烤3分钟，边翻转肉排边刷烤肉酱，烤约1分钟后，装盘即可。

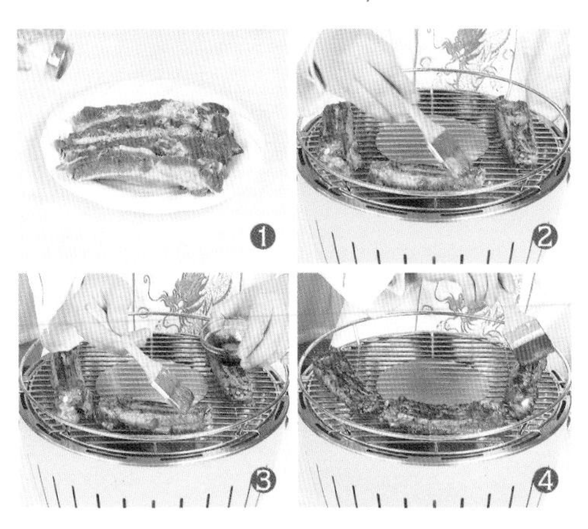

烤箱排骨

28分钟　2人份

原料

排骨段270克，蒜头40克，姜片少许

调料

食盐、鸡粉各2克，白胡椒粉少许，蚝油5克，料酒2毫升，生抽3毫升，食用油适量

/做法/

1. 排骨段洗净装碗，加蒜头、姜片、料酒、生抽、蚝油、白胡椒粉、食盐、鸡粉腌渍至入味。
2. 烤盘中刷上底油，放入排骨段，铺平，推入预热的烤箱。
3. 以上、下火200℃，烤约20分钟，至食材熟透。
4. 取出烤盘，稍微冷却后将烤好的菜肴装入盘中即成。

炭烧脆仔排

42分钟　　2人份

原料

猪脆骨…200克

调料

食盐…3克

鸡粉…3克

生抽…5毫升

烧肉酱…5克

生粉…2克

芝麻油…8毫升

芝麻酱…2克

白芝麻…少许

食用油…适量

/做法/

1. 将洗净的猪脆骨放入碗中。
2. 碗中加入食盐、鸡粉、生抽、烤肉酱、生粉、芝麻油、芝麻酱搅拌均匀。
3. 撒入白芝麻，腌渍30分钟。
4. 将腌好的猪脆骨用烧烤针穿成串，备用。
5. 烧烤架上刷上适量食用油。
6. 将猪脆骨放在烧烤架上，用小火烤5分钟至变色。
7. 将烤串翻面，用小火续烤5分钟至变色。
8. 再次翻转烤串，续烤1分钟至熟。
9. 将烤好的猪脆骨装入盘中即可。

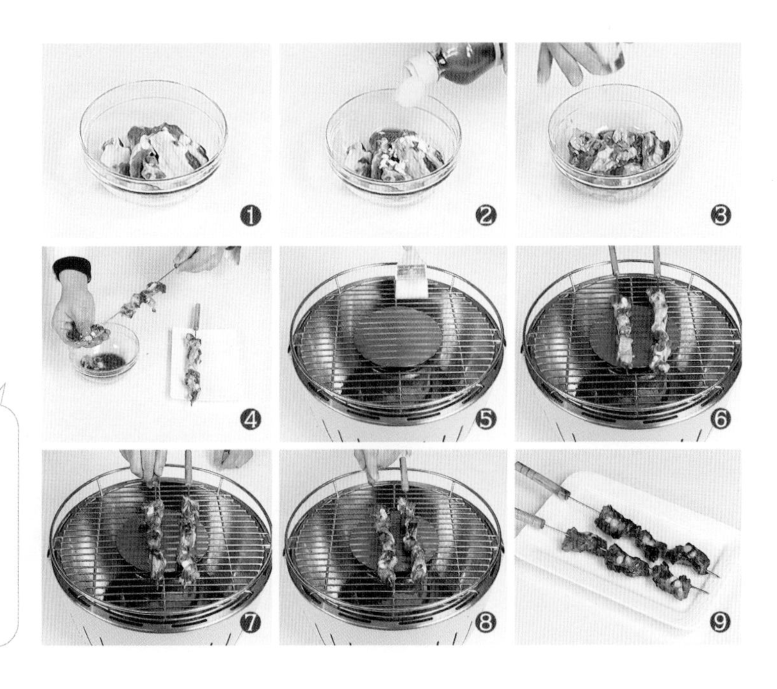

小提示：烤制猪脆骨时最好用小火，这样猪脆骨不但易熟，而且不易烤焦。

秘制脆仔排

22分钟　　2人份

❶

原料

猪脆骨200克

❷

调料

食盐2克，沙嗲酱3克，柱侯酱5克，排骨酱5克，鸡粉3克，生抽5毫升，芝麻油5毫升，辣椒粉3克，芝麻酱少许，食用油适量

❸

/做法/

1. 猪脆骨洗净，装碗，加排骨酱、柱侯酱、芝麻酱、食盐、鸡粉、生抽、沙嗲酱、芝麻油、辣椒粉腌渍至入味。
2. 将腌好的猪脆骨用烧烤针穿成串。
3. 烧烤架上刷上食用油，放上猪脆骨，小火烤5分钟至变色。
4. 翻转脆骨串，续烤5分钟至熟，将烤好的猪脆骨装盘即可。

❹

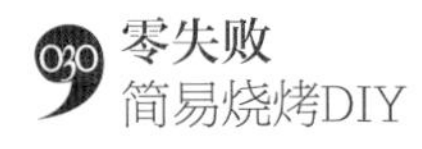

烤香辣大肠

10分钟　3人份

原料

猪大肠500克

调料

食盐4克，烧烤粉5克，辣椒粉8克，烧烤汁5毫升，生抽5毫升，孜然粉、食用油各适量

/做法/

1. 猪大肠洗净后入锅，加食盐、生抽，用大火煮至熟透，捞出切成段。
2. 将大肠段用竹签穿成串，烧烤架上刷上食用油，放上大肠串，用中火烤2分钟至变色。
3. 将食盐、烧烤粉、辣椒粉、孜然粉撒到肠串上，略烤，翻面，撒上食盐、烧烤粉、辣椒粉、孜然粉，刷上烧烤汁，用中火烤至入味。
4. 翻转肠串，刷上烧烤汁，用中火烤1分钟至熟，再翻面，撒上辣椒粉，将烤好的肠串装盘即可。

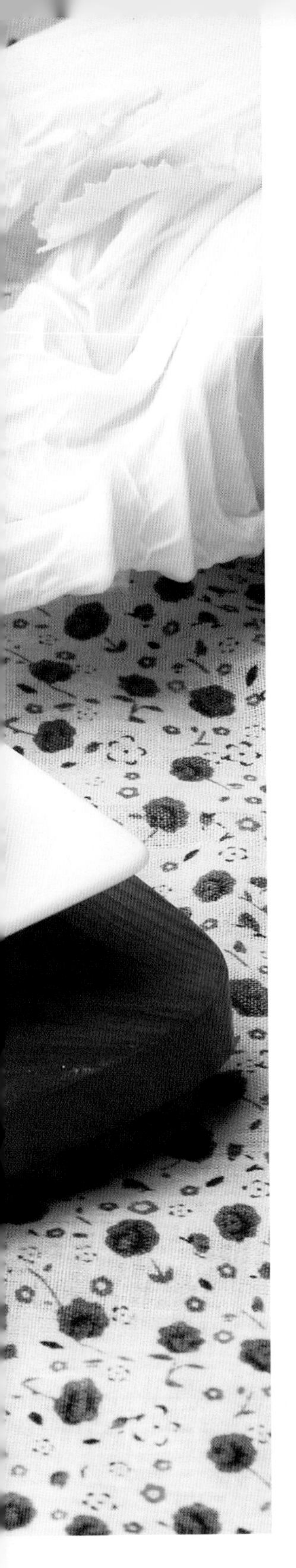

烤火腿片

4分钟　2人份

原料

美式火腿…150克

调料

食用油…10毫升

/做法/

1. 将火腿切成0.5厘米厚的片，装入碗中，待用。
2. 用竹签将火腿片穿成串。
3. 将火腿片放在烧烤架上。
4. 火腿片上刷上食用油，用中火烤2分钟至上色。
5. 将火腿片翻面，刷上食用油，用中火续烤2分钟至上色。
6. 将烤好的火腿片装入盘中即可。

小提示： 烤制时最好多翻转几次，这样可以使火腿内外均匀受热，更易熟透。

串烧猪心

9分钟　2人份

原料

猪心250克

调料

芝麻油…10毫升
食盐…3克
烧烤粉…5克
孜然粉…5克
烧烤汁…5毫升
烤肉酱…5克
辣椒粉…5克
食用油…适量

/做法/

1. 猪心洗净切梳子状，装碗，加烧烤汁、食盐、孜然粉、烧烤粉、辣椒粉、芝麻油、烤肉酱腌渍。
2. 用竹签将猪心穿成波浪形串，放到刷过油的烧烤架上，用中火烤3分钟至其变色。
3. 猪心上刷上食用油，翻面,撒上烧烤粉、孜然粉，再刷上食用油，用中火烤3分钟至其变色。
4. 翻转猪心串，刷上食用油，续烤1分钟至熟即可。

炭烤猪舌

7分钟　2人份

原料

猪舌…300克

调料

生抽…10毫升
食盐…3克
烧烤粉…5克
辣椒粉…5克
烤肉酱…5克
孜然粉…适量
食用油…适量

/做法/

1. 猪舌洗净，汆烫捞出，用刀刮去舌苔，再放入沸水中，加食盐、生抽煮至熟，捞出，切片。
2. 将猪舌片用鹅尾针穿成串后，放到刷过食用油的烧烤架上。
3. 撒上食盐、辣椒粉、烧烤粉、孜然粉，刷上烤肉酱，用中火烤2分钟至变色。
4. 将烤串翻面，刷上食用油，撒上食盐、辣椒粉、孜然粉，刷上烤肉酱，撒上烧烤粉，用中火烤熟后装盘即可。

猪肝烧

⏲ 23分钟　✕ 2人份

原料

猪肝…250克

调料

烧烤汁…5毫升　橄榄油…10毫升
孜然粉…5克　生抽…5毫升
烧烤粉…5克　食用油…少许
食盐…3克

/做法/

1. 猪肝洗净切块，装入盘中。
2. 在猪肝上撒上适量食盐、烧烤粉、孜然粉，拌匀。
3. 加入适量烧烤汁、生抽、橄榄油，搅拌均匀，腌渍15分钟。
4. 将腌好的猪肝用鹅尾针穿成串。
5. 烧烤架上刷上少许食用油。
6. 将猪肝串放在烤架上，用中火烤3分钟至其变色。
7. 将猪肝串翻面，撒入适量烧烤粉、孜然粉。
8. 刷上适量食用油，用中火烤2分钟至变色，再次刷上适量食用油，烤1分钟至熟。
9. 将烤好的猪肝装入盘中即可。

小提示： 烤制前可把猪肝里面的血管剔除，用清水洗净血污，这样可以有效地减少猪肝的异味。

烤腰串

16分钟　2人份

原料

猪腰200克

调料

芝麻油10毫升，烧烤汁8毫升，烤肉酱5毫升，辣椒粉5克，烧烤粉3克，食盐2克，孜然粉适量

/做法/

1. 猪腰洗净切开，去白膜，切长条，装碗，用食盐、烧烤粉、孜然粉、辣椒粉、烧烤汁、烤肉酱、芝麻油腌渍至入味。
2. 用竹签将猪腰穿成串后，放到刷过芝麻油的烧烤架，用中火烤2分钟至变色。
3. 翻转烤串，刷上芝麻油，撒上孜然粉、食盐、辣椒粉，用中火烤2分钟至上色。
4. 再刷上烤肉酱、烧烤汁，用中火烤1分钟至熟，将烤好的腰串装盘即可。

烤猪皮

🕓 11分钟　✂ 2人份

原料

熟猪皮200克

调料

烧烤粉5克，孜然粉5克，烧烤汁5毫升，烤肉酱5毫升，食盐、食用油各适量

/做法/

1. 熟猪皮切1厘米宽的长条，用烧烤针将猪皮呈波浪形穿成串。
2. 烧烤架上刷上油，放上猪皮串，刷上烧烤汁，用小火烤3分钟至焦黄色。
3. 猪皮串两面均匀地刷上烤肉酱，小火烤3分钟至焦黄色。
4. 猪皮两面分别撒上烧烤粉、食盐、孜然粉，用小火烤至熟，将烤好的猪皮串装盘即可。

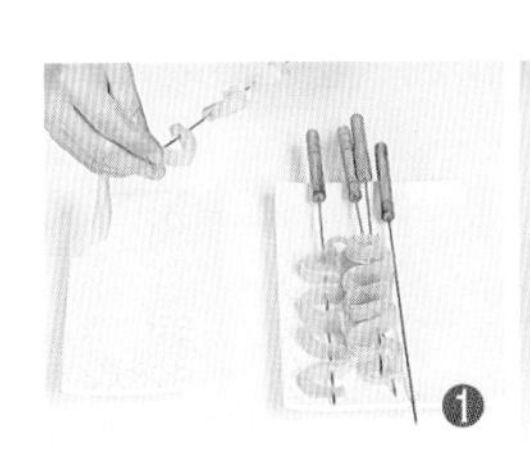

年糕香肠

10分钟　2人份

原料

年糕…100克

香肠…3根

调料

烧烤粉…5克

辣椒粉…5克

食盐…适量

食用油…适量

/做法/

1. 年糕洗净切3厘米见方的小片；香肠切3厘米长的段。
2. 用竹签将年糕、香肠依次穿成串。
3. 烧烤架上刷上食用油，放上烤串，刷上食用油，用小火烤3分钟至上色。
4. 烤串上刷上食用油，撒上烧烤粉、食盐、辣椒粉。
5. 将烤串翻面，再撒上烧烤粉、食盐、辣椒粉，用小火烤3分钟至上色。
6. 再次翻转烤串，用小火续烤1分钟至熟，将烤好的年糕香肠装入盘中即可。

小提示：年糕不宜切得太厚，最好切成小片，这样烤更容易熟透。

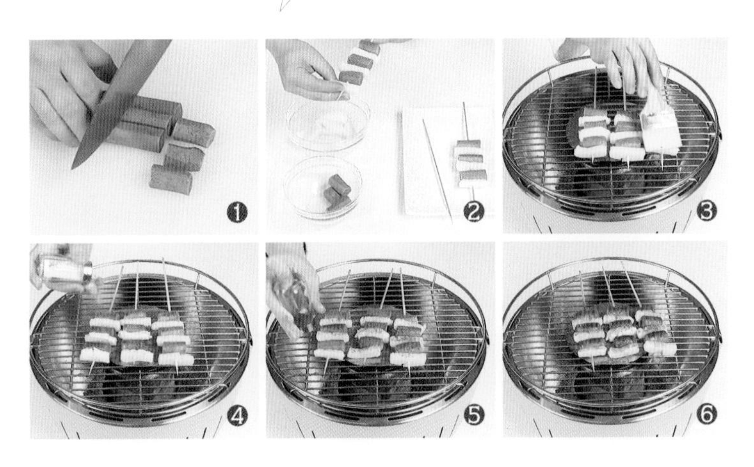

炭烤广式腊肠

10分钟　2人份

原料

腊肠3根

调料

食用油适量

/做法/

1. 烧烤架上刷适量食用油。
2. 将腊肠放到烧烤架上，用小火烤4分钟至变色。
3. 用刀在腊肠表面扎上孔，用小火续烤4分钟至熟。
4. 将烤好的腊肠装入盘中即可。

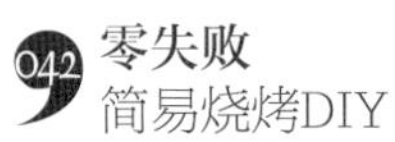

烤台湾香肠

4分钟　3人份

原料

台湾香肠5根

调料

食用油适量

/做法/

1. 烧烤架上刷适量食用油。

2. 将香肠放到烧烤架上，用中火烤1分钟。

3. 将香肠翻面，用铁签在香肠表面戳出小孔，翻转香肠，每面均匀地烤1分钟。

4. 香肠表面刷上适量食用油，烤约1分钟至熟，把烤好的香肠摆入盘中即可。

烤烟肉肠仔卷

15分钟　3人份

原料

烟熏肉…150克

肠仔…5根

调料

生抽…适量

烧烤汁…适量

甜辣酱…适量

辣椒粉…适量

食用油…适量

/做法/

1. 将肠仔一切为二，再将它的一端切上十字花刀，不要切断。
2. 转个方向再切一刀,呈十字形,另一头也以此方法切十字花刀。
3. 将备好的烟熏肉对半切开，用烟熏肉将肠仔包卷起来，用牙签固定好。
4. 用烤夹将烟熏肉肠卷放在烤架上， 用刷子将食用油均匀地刷在肠卷上。
5. 把烧烤汁均匀地刷在肠卷上。
6. 将肠卷翻面之后，再刷上生抽。
7. 肠卷上撒上适量的辣椒粉。
8. 用烤夹将肠卷不停地翻面，烧烤片刻，至完全熟透。
9. 将烤好的肠卷装入盘中，配上甜辣酱即可食用。

小提示: 用培根卷肠仔的时候不要太用力，以免把培根弄破。

培根玉米笋卷

⏲ 8分钟　✕ 2人份

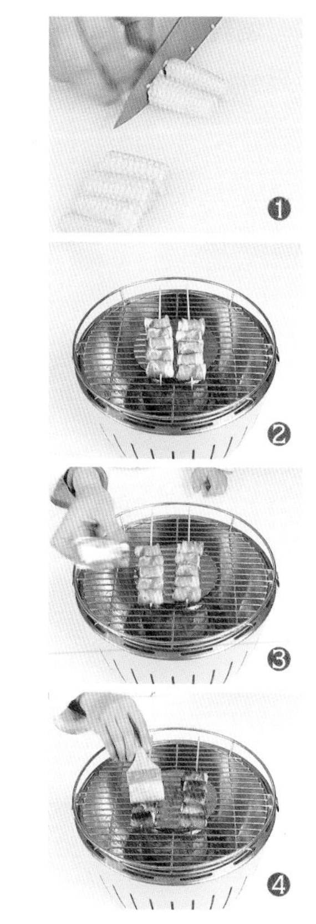

原料

玉米笋150克，培根100克

调料

黄油10克，橄榄油适量，食盐2克，烧烤粉5克

/做法/

1. 沸水锅中放入黄油，煮溶后，放入洗净的玉米笋，煮至熟，捞出，切3厘米长的段。
2. 培根切段，用培根卷起玉米笋，再用竹签穿好，放到刷过橄榄油的烧烤架上，烤至上色。
3. 在培根玉米笋上刷上橄榄油，撒上食盐、烧烤粉，翻转后撒上食盐、烧烤粉，用中火烤至上色。
4. 再刷上橄榄油，用小火烤1分钟至熟，将烤好的培根玉米笋卷装入盘中即可。

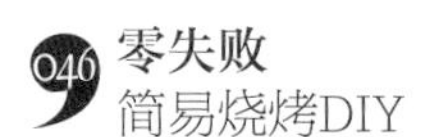

培根土豆卷

⏱ 10分钟　✕ 2人份

原料

培根150克，土豆200克

调料

烧烤汁、食用油各适量

/做法/

1. 土豆去皮煮熟切丁；培根切细长条；用培根将土豆块卷好，穿在竹签上。
2. 烧烤架上刷上食用油，将培根卷中有肉的一面放在烤架上，烤3分钟至其微焦。
3. 翻转培根卷，刷上食用油、烧烤汁，烤约3分钟至其上色，再刷上食用油，烤约半分钟。
4. 再次翻转后，刷上烧烤汁，烤约半分钟，将烤好的烤串装入盘中即可。

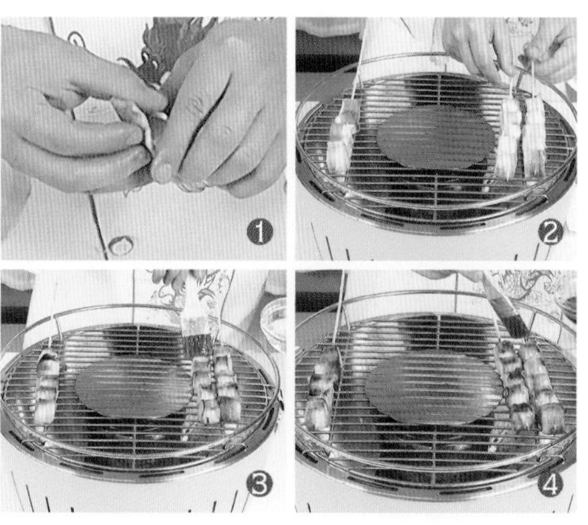

黄瓜香肠串

13分钟　　2人份

原料

黄瓜…1根

香肠…3根

调料

烧烤粉…5克

食盐…3克

孜然粉…适量

烧烤汁…适量

食用油…适量

/做法/

1. 黄瓜洗净去籽切小段；香肠切长段，用竹签将黄瓜、香肠依次穿成串。
2. 烧烤架上刷上食用油，放上黄瓜香肠串，用中火烤至变色。
3. 翻转烤串，刷上食用油，撒上食盐、孜然粉、烧烤粉。
4. 再刷上烧烤汁后，用中火烤3分钟。
5. 将烤串翻面，刷上食用油，撒上孜然粉、食盐，刷上烧烤汁。
6. 再次翻转烤串，用中火烤1分钟至熟，将烤好的黄瓜香肠串装入盘中即可。

小提示： 可以用淡淡的食盐水冲洗黄瓜，这样可以比较有效地去除黄瓜上残留的化学成分。

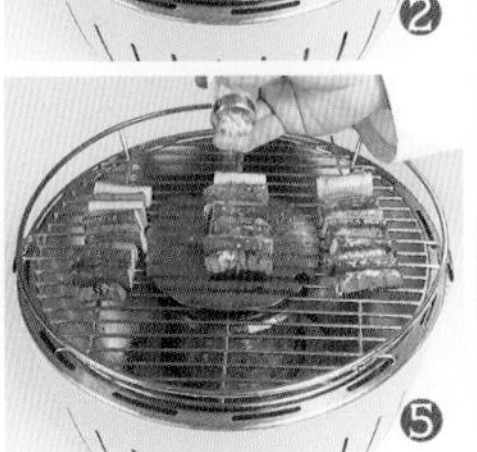

牛肉花菜

◷ 67分钟　✕ 2人份

原料

西蓝花朵、白菜花朵各25克，牛肉150克

调料

烧烤粉、辣椒粉、孜然粉各5克，生抽5毫升，芝麻油5毫升，食盐2克，食用油适量

/做法/

1. 牛肉洗净切粗条，用食盐、烧烤粉、辣椒粉、孜然粉、生抽、芝麻油腌渍1小时至入味。
2. 用竹签将西蓝花、牛肉、白菜花依次穿成串，烧烤架上刷上食用油后，放上烤串，用中火烤至变色。
3. 烤串上刷上食用油，翻面后撒上烧烤粉、辣椒粉、食盐、孜然粉，用中火烤3分钟至入味。
4. 翻转烤串，续烤1分钟至熟，将烤好的牛肉花菜串装入盘中即可。

沙嗲牛肉串

34分钟　2人份

原料

牛肉200克，生菜叶、白芝麻各适量

调料

沙嗲酱5克，孜然粉2克，辣椒粉2克，柱侯酱2克，海鲜酱2克，排骨酱2克，生抽、芝麻油各少许，食用油适量

/做法/

1. 牛肉切薄片，用沙嗲酱、柱侯酱、海鲜酱、排骨酱、生抽、辣椒粉、孜然粉、白芝麻、芝麻油、食用油腌渍约30分钟。
2. 用烧烤针将牛肉穿成波浪形，烧烤架上刷上油，放上牛肉串，烤约2分钟。
3. 将牛肉串翻面，烤约2分钟至熟，在牛肉串两面均匀地撒上白芝麻。
4. 把洗净的生菜铺在盘中，放上烤好的牛肉串即可。

牛肉土豆串

16分钟　2人份

原料

牛肉…100克

土豆…150克

调料

黑胡椒粉…2克

食盐…3克

鸡粉…2克

橄榄油…5毫升

生抽…5毫升

烧烤粉…5克

孜然粉…5克

食用油…适量

/做法/

1. 土豆去皮洗净切丁；牛肉洗净切丁。
2. 用食盐、鸡粉、生抽、橄榄油、黑胡椒粉腌渍牛肉10分钟至其入味。
3. 取一根烧烤针，将土豆、牛肉依次穿成串。
4. 烧烤架上刷适量食用油。
5. 将烤串放到烧烤架上，用中火烤3分钟至变色。
6. 烤串上刷上食用油。
7. 翻转烤串，并撒上适量烧烤粉、食盐、孜然粉。
8. 续烤2分钟至熟。
9. 将烤好的牛肉土豆串装入盘中即可。

小提示：将牛肉拌匀后，用手捏挤牛肉片刻，这样牛肉更易入味。

甘蓝牛肉串烧

10分钟　2人份

原料

牛肉100克，紫甘蓝、包菜各50克

调料

黑胡椒粉、食盐、烧烤粉、孜然粉各2克，鸡粉3克，橄榄油、生抽各5毫升，食用油适量

/做法/

1. 牛肉洗净切丁，用食盐、鸡粉、生抽、橄榄油、黑胡椒粉腌渍至入味；包菜、紫甘蓝均洗净切长条。
2. 牛肉块分别用包菜、紫甘蓝包好，用竹签穿成串后，放到刷过食用油的烧烤架上。
3. 烤串上刷上食用油，烤至上色，再刷油，撒上烧烤粉、食盐，翻转烤串，撒上烧烤粉、食盐，烤入味。
4. 再次翻面，撒上食盐、烧烤粉、孜然粉烤至熟，将烤好的甘蓝牛肉装盘即可。

烤黑椒西冷牛排

37分钟　2人份

 原料

牛排200克

调料

食盐3克，鸡粉3克，橄榄油8毫升，生抽5毫升，黑胡椒碎、食用油各适量

/做法/

1. 牛排洗净，两面均匀地抹上食盐，鸡粉、黑胡椒碎、橄榄油。
2. 剪断牛排筋，再加入生抽，腌渍牛排至其入味。
3. 烧烤架上刷上食用油，放上牛排，用中火烤3分钟至上色后，翻转牛排，续烤3分钟至上色。
4. 刷上食用油、生抽后，再次翻面，用中火续烤1分钟至熟，将烤好的牛排装盘即可。

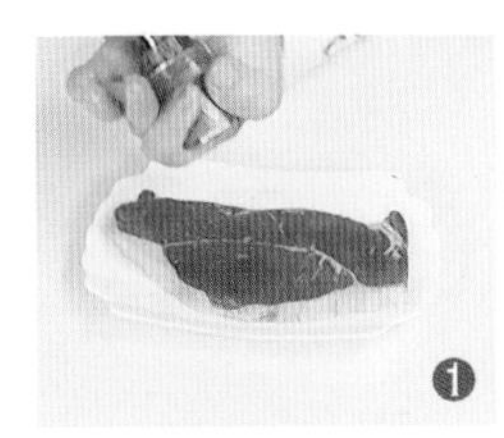
❶

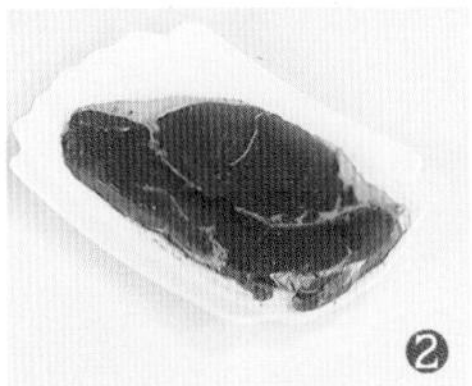
❷

❸

❹

茴香粒烧牛柳排

70分钟　2人份

原料

牛柳排…200克

调料

茴香粒…10克
橄榄油…15毫升
食盐…3克
烧烤汁…10毫升
蒙特利调料…8克
鸡粉…适量

/做法/

1. 牛柳排洗净，两面均匀地抹上橄榄油，撒上蒙特利调料、鸡粉、食盐，再淋上烧烤汁。
2. 将茴香粒均匀地撒在牛柳排两面，腌渍约1小时。
3. 烧烤架上刷一层橄榄油，放上牛柳排，烤约5分钟至其变色。
4. 将牛柳排翻面，刷上适量橄榄油，烤约3分钟。
5. 再次翻转牛柳排，烤约半分钟至熟。
6. 将烤好的牛柳排装入盘中即可。

小提示： 烤制牛柳排时，一开始的温度要高一点，这样才能更好地锁住肉汁。

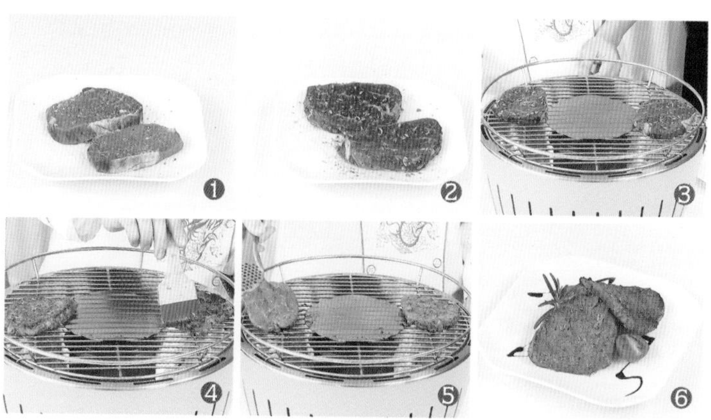

蜜汁牛仔骨

33分钟　　2人份

原料

牛仔骨150克

调料

蜂蜜15克，生抽5毫升，橄榄油8毫升，食盐3克，鸡粉3克，黑胡椒碎、食用油各适量

/做法/

1. 牛仔骨洗净，两面均匀地撒上食盐、鸡粉、黑胡椒碎、橄榄油，再淋入生抽、蜂蜜，腌渍20分钟至其入味。
2. 烧烤架上刷上食用油，放上腌渍好的牛仔骨，用大火烤1分钟至变色。
3. 牛仔骨表面刷上适量蜂蜜后，将其翻面。
4. 再次刷上蜂蜜，用大火烤1分钟至熟，将烤好的牛仔骨装盘即可。

香草牛仔骨

33分钟　2人份

原料

牛仔骨150克，干迷迭香末5克

调料

食盐3克，蒙特利调料3克，鸡粉3克，橄榄油8毫升，生抽、食用油各适量

/做法/

1. 牛仔骨两面均匀地撒上食盐、鸡粉、蒙特利调料。
2. 再淋入橄榄油、生抽，撒上干迷迭香末腌渍至入味。
3. 烧烤架上刷上食用油，放上牛仔骨，用大火烤1分钟至变色。
4. 将牛仔骨翻面，用大火续烤1分钟至熟，将烤好的牛仔骨装盘即可。

炭烤包心牛肉丸

5分钟　　2人份

原料

包心牛肉丸…200克

调料

烧烤粉…5克
孜然粉…适量
辣椒粉…5克
食用油…适量

/做法/

1. 将包心牛肉丸用竹签穿成串，装入准备好的盘中。
2. 烧烤架上刷上适量食用油，放上包心牛肉丸。
3. 用中火烤1分钟至变色后，用小刀在包心牛肉丸上划上小口。
4. 肉丸串上撒上辣椒粉、烧烤粉。
5. 将肉丸串翻面，刷上食用油，撒上辣椒粉、烧烤粉、孜然粉。
6. 旋转牛肉丸，烤2分钟至熟，将烤好的包心牛肉丸串装入盘中即可。

小提示： 烤制过程中可以多刷些食用油，以免将牛肉丸烤得太干，影响口感。

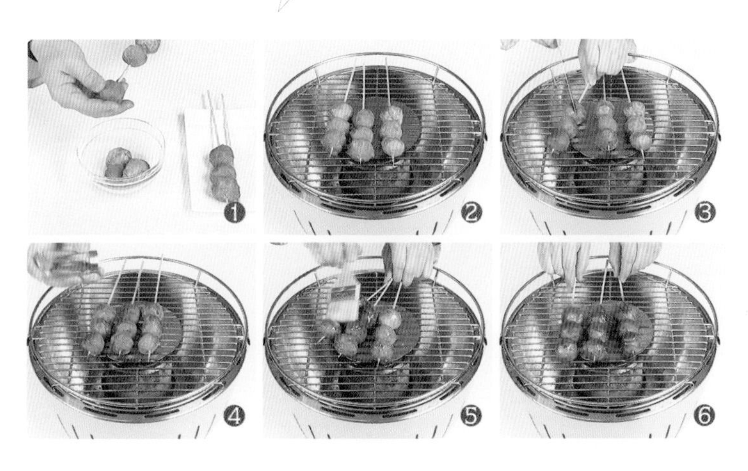

烤双色丸

9分钟　　2人份

原料

牛肉丸100克，墨鱼丸100克

调料

烧烤粉5克，辣椒粉5克，孜然粉3克，食用油适量

/做法/

1. 用竹签依次将牛肉丸、墨鱼丸穿成串。
2. 烧烤架上刷上食用油，放上烤串，均匀地刷上食用油，用中火烤3分钟至上色。
3. 用小刀在肉丸和鱼丸上划小口，以便入味，旋转烤串，再刷上食用油。
4. 撒上烧烤粉、孜然粉、辣椒粉，用中火烤3分钟至熟，将烤好的双色丸装盘即可。

烤牛肉丸

5分钟　2人份

原料

牛肉丸150克

调料

烧烤粉、辣椒粉各5克，孜然粉少许，食用油适量

/做法/

1. 将牛肉丸对半切开，切十字花刀，将牛肉丸以相扣的方式，穿到竹签上。
2. 烧烤架上刷上食用油，放上烤串，用中火烤1分钟至变色。
3. 旋转烤串，撒上烧烤粉、孜然粉、辣椒粉，用中火烤1分钟。
4. 再刷上食用油，烤1分钟至熟，将烤好的牛肉丸装入盘中即可。

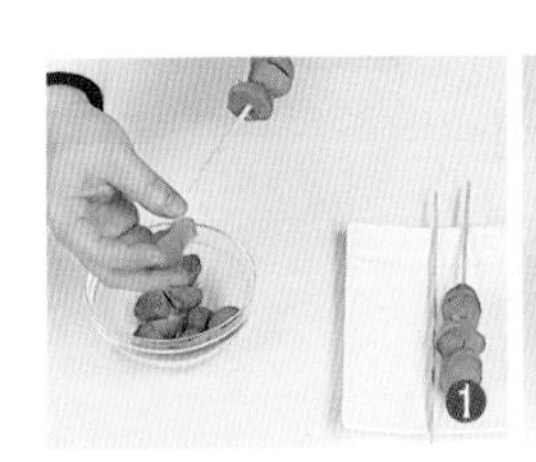

牛筋彩椒串

10分钟　2人份

原料

熟牛蹄筋…100克

圆椒…1个

彩椒…1个

调料

食盐…2克

烧烤粉…5克

辣椒粉…5克

孜然粉…适量

食用油…适量

/做法/

1. 彩椒、圆椒均洗净切2厘米见方的小块。
2. 依次将牛蹄筋块、圆椒、彩椒穿到竹签上。
3. 烧烤架上刷上食用油，放上烤串，用中火烤3分钟至变色。
4. 烤串两面分别刷上食用油，撒上食盐、烧烤粉、辣椒粉、孜然粉，用中火烤3分钟至上色。
5. 再次给烤串刷上食用油，用中火烤1分钟至熟。
6. 将烤好的牛筋彩椒串装盘即可。

小提示：由于牛筋比较容易烤煳，烤制的时候可以多放点食用油。

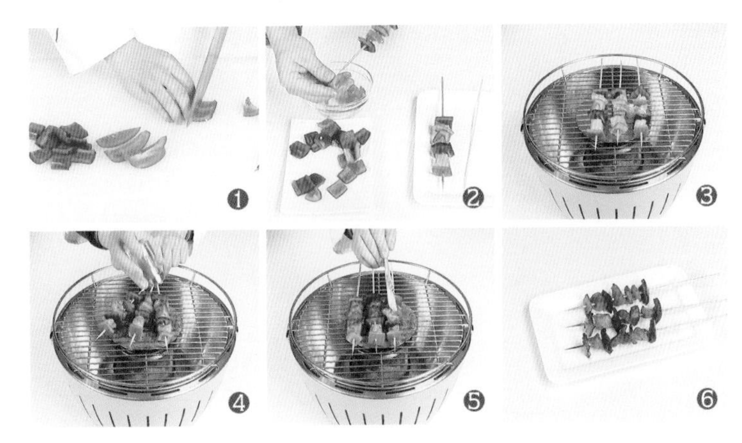

烤麻辣牛筋

10分钟　　2人份

原料

熟牛蹄筋100克

调料

烧烤粉5克，孜然粉5克，食盐3克，辣椒粉5克，花椒粉3克，烧烤汁、食用油各适量

/做法/

1. 将熟牛蹄筋用竹签穿成串。
2. 烧烤架上刷上食用油，放上牛筋串，用中火烤3分钟至变色。
3. 牛筋串上刷上食用油，略烤，在牛筋串两面分别刷上烧烤汁，用中火烤3分钟至上色。
4. 翻转牛筋串，撒上烧烤粉、食盐、辣椒粉、孜然粉、花椒粉，烤至入味后，装盘即可。

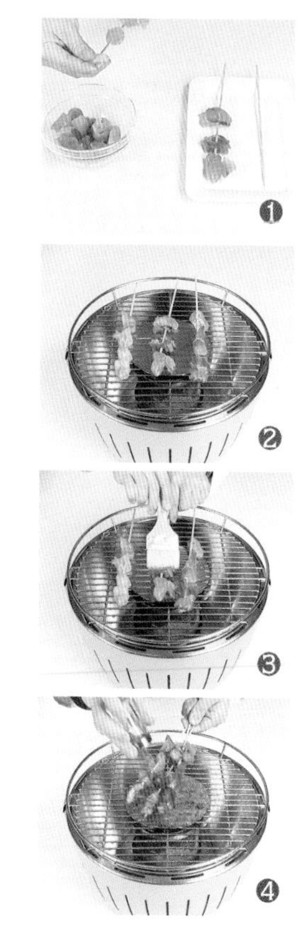

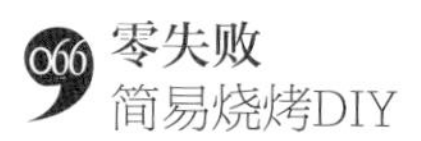

烤香辣牛肚

8分钟　2人份

原料

熟牛肚150克

调料

烤肉酱5克，烧烤汁5毫升，辣椒粉5克，烧烤粉3克，孜然粉3克，食用油适量

/做法/

1. 熟牛肚切成长块，用竹签穿成串。
2. 烧烤架上刷食用油，放上牛肚串，将其两面均刷上食用油，用中火烤3分钟至变色。
3. 刷上烤肉酱，用中火烤2分钟至上色。
4. 牛肚串两面分别刷上烧烤汁，撒上烧烤粉、辣椒粉、孜然粉，烤至熟后，装盘即可。

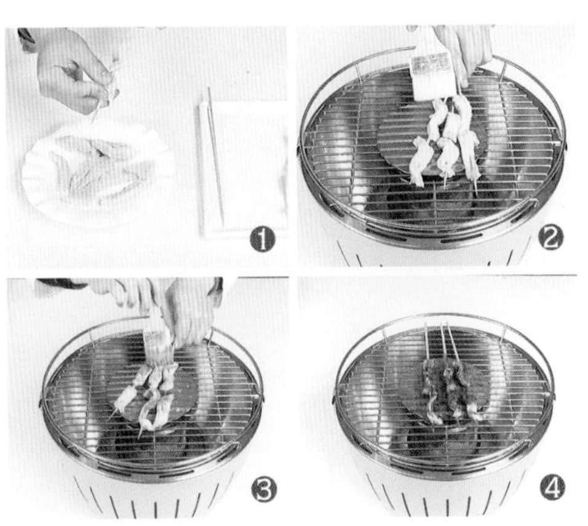

烤金菇牛肉卷

10分钟　3人份

原料

牛肉…400克
金针菇…100克
西芹…30克
胡萝卜…1根

调料

烧烤粉…5克
生抽…5毫升
烤肉酱…10克
孜然粉…适量
食用油…适量

/做法/

1. 金针菇洗净去根；西芹洗净去老皮切小条；胡萝卜洗净切小条；牛肉洗净切薄片。
2. 把牛肉铺在砧板上，放上适量金针菇、西芹、胡萝卜。
3. 将其卷成卷，并用牙签固定。
4. 烧烤架上刷上适量食用油。
5. 将牛肉卷放到烧烤架上，用中火烤2分钟至变色。
6. 翻转牛肉卷，刷上食用油、生抽、烤肉酱。
7. 再撒入烧烤粉、孜然粉，用中火烤2分钟至变色。
8. 再次翻转牛肉卷，刷上生抽、烤肉酱、烧烤粉、孜然粉，用中火烤2分钟至熟。
9. 刷上适量食用油，烤1分钟后，装入盘中即可。

小提示： 牛肉片中不要包裹太多的食材，否则肉卷不易熟透。

香草烧羊排

45分钟　　2人份

原料

羊排3根，迷迭香20克，蒜蓉适量

调料

蒙特利调料粉10克，黑胡椒碎、生抽、食用油各适量

/做法/

1. 羊排切成三块，去除多余的骨头、肋骨前端的些许肉，再用刀背将肉轻轻敲打后，切除羊皮。
2. 用食用油、调料粉、迷迭香、蒜蓉、生抽、黑胡椒碎腌渍羊排30分钟至入味。
3. 将羊排放到烤架上，先烤5分钟至一面变色，翻转羊排，续烤至呈金黄色。
4. 羊排上刷上食用油，烤约5分钟至熟，翻面，烤约2分钟后，装盘即可。

法式烤羊柳

85分钟　2人份

原料

羊柳200克

调料

蒙特利调料10克，法式黄芥末调味酱10克，鸡粉、白胡椒各3克，黑胡椒粒5克，橄榄油10毫升，食用油适量

/做法/

1. 羊柳切长块，用法式黄芥末调味酱、鸡粉、白胡椒、蒙特利调料、黑胡椒粒、橄榄油，腌渍1小时。
2. 在铺有锡纸的烤盘上，刷上食用油后，放上羊柳。
3. 将烤箱温度调成上、下火250℃，把烤盘放入烤箱中，烤25分钟至熟。
4. 从烤箱中取出烤盘，将烤好的羊柳装入盘中即可。

❶

❷
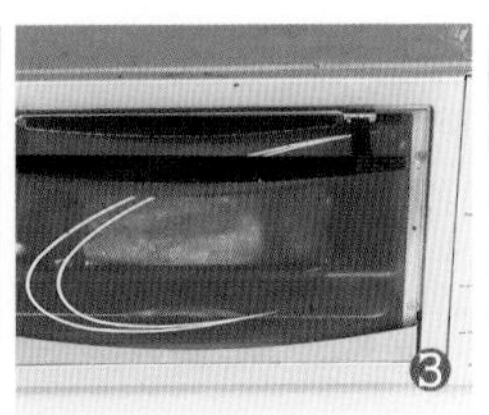
❸

❹

烤羊全排

390分钟　　3人份

原料

羊排…1000克
洋葱丝…20克
西芹丝…20克
蒜瓣…5克
迷迭香…10克

调料

食盐…8克
蒙特利调料…10克
橄榄油…30毫升
鸡粉…3克
生抽…10毫升
黑胡椒碎…适量

/做法/

1. 羊排洗净，去除羊皮，再洗净，待用。
2. 用蒜瓣、西芹丝、洋葱丝、迷迭香、黑胡椒碎、食盐、蒙特利调料、生抽、橄榄油、鸡粉腌渍羊排6小时。
3. 将羊排放入铺有锡纸的烤盘中，用上、下火250℃烤15分钟。
4. 翻转羊排后再放入烤箱，续烤10分钟。
5. 再次翻转羊排，放入烤箱，烤5分钟至熟。
6. 从烤箱中取出烤盘，拿出羊排， 装入盘中即可。

小提示：可以用手将蒜瓣、西芹丝、洋葱丝捏挤出汁，这样腌渍羊排时更易入味。

烤羊肉串

65分钟　　3人份

原料

羊肉丁500克

调料

烧烤粉5克，食盐3克，辣椒油、芝麻油各8毫升，生抽5毫升，辣椒粉10克，孜然粒、孜然粉、食用油各适量

/做法/

1. 羊肉丁装碗，放入食盐、烧烤粉、辣椒粉、孜然粉、芝麻油、生抽、辣椒油腌渍1小时。
2. 用烧烤针将羊肉丁穿成串后，放到刷过食用油的烧烤架上，用大火烤2分钟至上色。
3. 将羊肉串翻面，撒上孜然粒、辣椒粉，用大火烤2分钟至上色。
4. 一边转动羊肉串，一边撒上孜然粉、辣椒粉，将烤好的羊肉串装盘即可。

第3章

飘香禽蛋篇

那来得容易、舒服的不是真正的成功，真正的成功来自于一点一滴的积蓄，来自于一步一步的踏实前行，来自于长长久久的酝酿，来自于……有了那一点一滴、一步一步的经历，必然能在日后彰显亮烈的色泽。烤春鸡、蜜汁烧鸡全腿，经过长久的腌渍，又经试炼，最终成就了自己的完美够味！

烤春鸡

156分钟　　3人份

原料

春鸡…1只

葱段…5克

蒜瓣…15克

姜片…10克

调料

食盐…3克

柱侯酱…5克

鸡粉…3克

烧烤粉…5克

芝麻酱…5克

花生酱…5克

孜然粒…3克

烧烤汁…5毫升

辣椒油…少许

/做法/

1. 洗净的春鸡肚中放入食盐、柱侯酱、鸡粉、芝麻酱、花生酱、烧烤粉、蒜瓣、姜片、葱段、孜然粒。
2. 春鸡表面刷上烧烤汁、辣椒油，腌渍2小时至其入味。
3. 把春鸡放入铺有锡纸的烤盘中，用上、下火250℃烤15分钟至鸡肉表皮呈金黄色。
4. 翻转春鸡后，将烤盘放入烤箱，续烤15分钟。
5. 从烤箱中取出烤盘，再次翻面后，续烤5分钟至熟。
6. 取出烤盘，将烤好的春鸡装盘即可。

小提示：可以用牙签将鸡肚口封住，这样香味更易渗入到鸡肉中。

烤鸡肉肠

🕓 5分钟　✂ 2人份

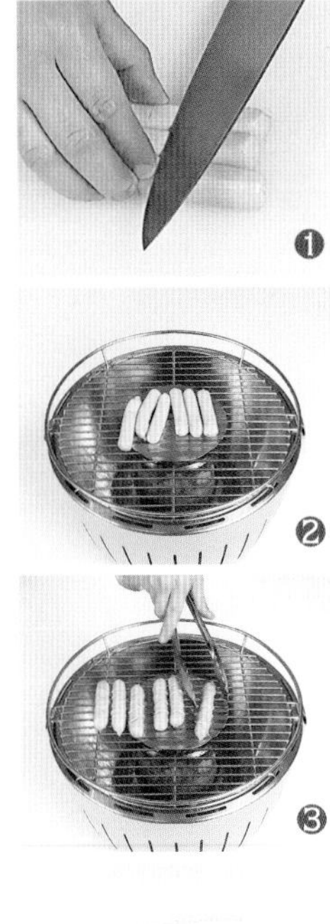

原料

鸡肉肠100克

调料

食用油适量

/做法/

1. 在鸡肉肠表面斜切花刀。
2. 烧烤架上刷上食用油，放上鸡肉肠，用小火烤2分钟至其变色。
3. 刷上食用油，翻转鸡肉肠，用小火再烤2分钟至变色。
4. 将烤好的鸡肉肠装入盘中即可。

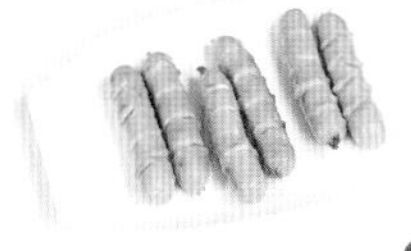

骨肉相连

38分钟　2 人份

原料

鸡脆骨200克，鸡腿肉150克

调料

鸡粉、食盐、辣椒粉各3克，孜然粉、烧烤粉各5克，辣椒油、生抽、芝麻油、食用油各适量

/做法/

1. 鸡腿肉洗净去皮切小块，放入鸡脆骨的碗中，加鸡粉、食盐、烧烤粉、辣椒粉、孜然粉、辣椒油、生抽、芝麻油腌渍30分钟。
2. 用烧烤针将鸡腿肉、鸡脆骨依次穿成串后，放到刷过食用油的烤架上。
3. 用中火烤3分钟至变色，翻转烤串，用中火烤3分钟至上色。
4. 撒上孜然粉，用中火续烤1分钟至熟，将烤好的烤串装入盘中即可。

烤百里香鸡肉饼

⏱ 11分钟　✂ 3人份

原料

鸡腿…400克
洋葱…20克
西芹…20克
胡萝卜…20克
百里香…3克
鸡蛋…1个

调料

生抽…10毫升
食盐…3克
白胡椒粉…3克
生粉…30克
鸡粉…5克
面粉…20克
食用油…适量

/做法/

1. 洋葱、西芹、胡萝卜均洗净切碎末；鸡腿洗净去骨，去皮，剁成碎末。
2. 把百里香洗净摘叶，放入鸡腿肉末中，再放入洋葱末、西芹末、胡萝卜末。
3. 加入食盐、鸡粉、白胡椒粉、蛋白、生粉、食用油、面粉、生抽、蛋黄，拌成糊状。
4. 烤盘铺锡纸，刷上食用油，倒上鸡腿肉糊，摊成饼状。
5. 将烤盘放入烤箱，用上、下火200℃烤5分钟。
6. 取出烤盘，在鸡肉饼上刷少许食用油。
7. 将鸡肉饼翻面，再刷上少许食用油。
8. 再次将烤盘放入烤箱中，继续烤5分钟至熟。
9. 从烤箱中取出烤盘，将烤好的鸡肉饼装入盘中即可。

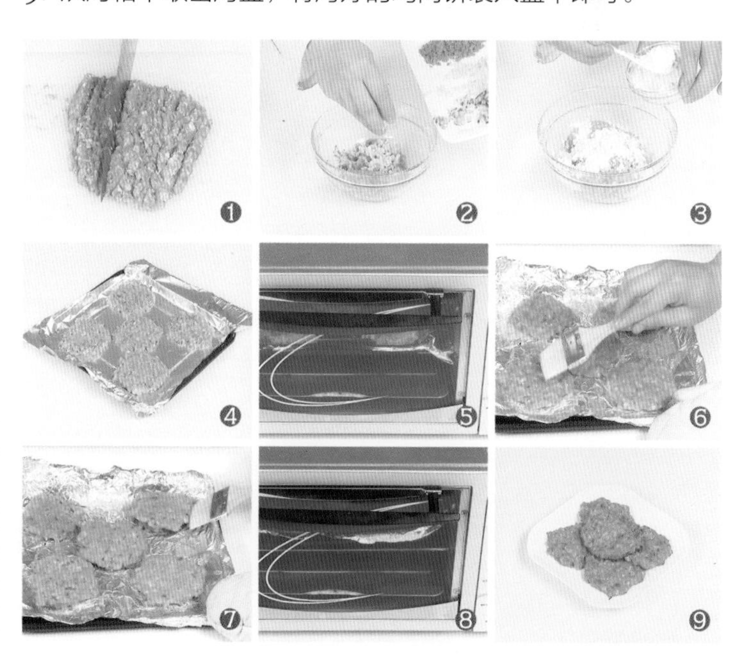

小提示： 腌渍鸡肉时可以加入少许清酒，这样可以减轻鸡肉本身的腥味。

烤鸡脆骨

38分钟　0人份

原料

鸡脆骨150克

调料

食盐2克，白胡椒粉3克，鸡粉3克，橄榄油5毫升，烧烤汁5毫升，蜂蜜适量

/做法/

1. 鸡脆骨洗净，用食盐、鸡粉、白胡椒粉、橄榄油腌渍30分钟至其入味。
2. 用烧烤针把鸡脆骨穿成串，放到刷过油的烧烤架上，用中火烤3分钟至变色。
3. 在烤串上刷上烧烤汁，略烤，翻转烤串，刷上烧烤汁，用中火烤3分钟至入味。
4. 鸡脆骨串上刷上蜂蜜，用小火烤1分钟至熟，将烤好的鸡脆骨串装入盘中即可。

炭烧鸡脆骨

40分钟　3人份

原料

鸡脆骨500克，白芝麻适量

调料

孜然粉5克，烧烤粉15克，辣椒油10毫升，芝麻酱5克，花生酱5克，辣椒粉10克，酱油、食用油适量

/做法/

1. 用烧烤粉、孜然粉、辣椒粉、花生酱、芝麻酱、辣椒油、酱油、白芝麻腌渍鸡脆骨约30分钟。
2. 将腌好的鸡脆骨用烧烤针依次穿成串，放到刷过食用油的烤架上，用中火烤约3分钟。
3. 将烤串翻转后，刷少许食用油，撒上孜然粉，烤约3分钟。
4. 再次翻转烤串，刷上食用油，撒上孜然粉，烤约1分钟，翻转烤串，撒上辣椒粉后，装盘即可。

烤香辣鸡中翅

53分钟　　2人份

原料

鸡中翅…150克
生菜…少许

调料

食盐…2克
鸡粉…3克
烧烤粉…3克
孜然粉…5克
花生酱…5克
芝麻酱…5克
烧烤汁…5毫升
辣椒粉…适量
白芝麻…适量
食用油…适量
辣椒酱…适量
甜辣酱…适量

/做法/

1. 鸡翅洗净，用鸡粉、辣椒酱、烧烤粉、食盐、孜然粉、烧烤汁、花生酱、芝麻酱、食用油腌渍约40分钟。
2. 烧烤架上刷食用油，放上鸡翅，用中火烤5分钟，翻面，刷上油，续烤5分钟。
3. 刷上烧烤汁，撒上孜然粉、烧烤粉、辣椒粉，翻面，烤1分钟。
4. 翻转鸡翅，刷上烧烤汁、食用油，撒上孜然粉、烧烤粉、辣椒粉，翻面，烤1分钟。
5. 鸡翅两面都撒上白芝麻，烤好放入盘中。
6. 另取一个盘子，铺上生菜，放入甜辣酱，再放入烤好的鸡中翅。

小提示： 烤制鸡中翅时，不能使用大火烤，以免烤焦影响口感。

咖喱鸡翅

67分钟　2人份

原料

鸡中翅200克

调料

辣椒粉5克，烧烤粉5克，咖喱粉10克，食盐2克，橄榄油10毫升，食用油适量

/做法/

1. 鸡翅洗净，用咖喱粉、烧烤粉、辣椒粉、食盐、橄榄油腌渍约1小时至入味。
2. 烧烤架上刷上食用油，放上鸡翅，用小火烤3分钟至上色。
3. 将鸡翅翻面，用小火续烤3分钟至熟。
4. 将烤好的鸡翅装入盘中即可。

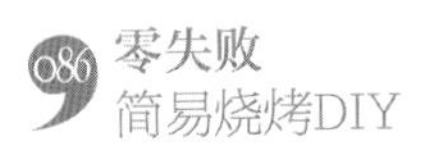

烤鸡全翅

190分钟　2人份

原料

鸡全翅200克，葱段、姜片、蒜片各少许

调料

辣椒油3毫升，芝麻酱、花生酱各3克，食盐2克，辣椒粉、烧烤粉各5克，烧烤汁5毫升，生抽3毫升，孜然粉、芝麻油各适量

/做法/

1. 鸡翅洗净，用蒜片、姜片、葱段、食盐、烧烤粉、孜然粉、辣椒粉、芝麻油、辣椒油、生抽、烧烤汁、芝麻酱、花生酱腌渍3小时。
2. 将鸡翅穿成串后，放到刷过油的烤架上，烤至上色，翻转鸡翅，刷上芝麻油后，再翻面，烤至上色。
3. 鸡翅两面均匀地刷上芝麻油、生抽，续烤5分钟。
4. 肉较厚的部位用刀划几道口子，续烤至熟，将烤好的鸡翅装盘即可。

麻辣翅尖

⏲ 68分钟　✂ 2人份

原料

鸡翅尖…100克

调料

辣椒粉…5克
烧烤粉…5克
烧烤汁…5毫升
烤肉酱…3克
花椒粉…适量
孜然粉…适量
白芝麻…适量
食用油…适量

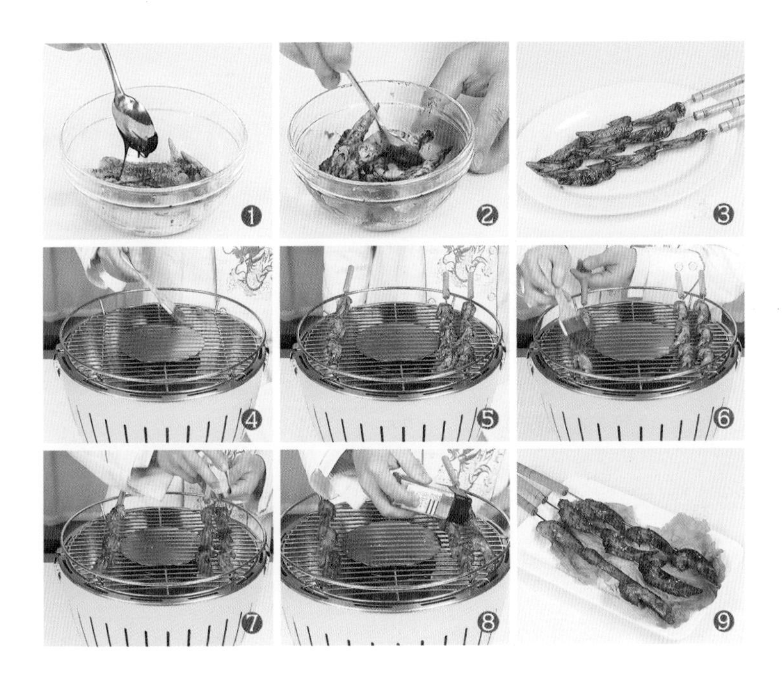

/做法/

1. 鸡翅尖装碗，加辣椒粉、烧烤粉、花椒粉拌匀。
2. 再加入孜然粉、烧烤汁、烤肉酱拌匀，腌渍1小时。
3. 用烧烤针将腌好的鸡翅尖穿成串，备用。
4. 烧烤架上刷上适量食用油。
5. 将鸡翅尖放到烧烤架上，用中火烤3分钟至上色。
6. 刷上少许食用油。
7. 翻转鸡翅，刷上食用油，撒上孜然粉、白芝麻，用中火烤3分钟至上色后，再次翻转鸡翅尖。
8. 刷上食用油，撒上孜然粉、白芝麻，续烤1分钟至熟。
9. 将烤好的鸡翅尖摆入盘中即可。

小提示： 由于鸡翅尖处的肉不是很厚，所以不宜烤过久，以免烤焦影响口感。

串烤鸡心

◷ 23分钟 ✂ 2人份

原料

鸡心100克

调料

食盐3克，辣椒粉3克，烧烤粉5克，烧烤汁5毫升，辣椒油8毫升，孜然粉、花生酱、芝麻酱、食用油各适量

/做法/

1. 用烧烤粉、食盐、孜然粉、辣椒粉、芝麻酱、花生酱、辣椒油腌渍鸡心15分钟。
2. 将鸡心用竹签穿成串后，放到刷过油的烧烤架上，用中火烤3分钟至变色。
3. 翻转鸡心串，刷上烧烤汁、食用油，用中火烤3分钟至上色。
4. 将鸡心串翻面，撒上孜然粉、辣椒粉，用中火续烤1分钟至熟后，装盘即可。

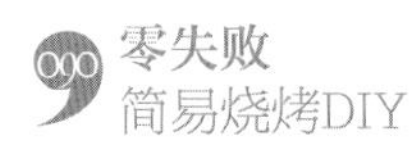

香辣鸡脖

◷ 37分钟　✕ 2人份

原料

鸡脖3个

调料

烧烤粉5克，辣椒粉3克，生抽3毫升，烤肉酱5克，食盐3克，橄榄油10毫升，辣椒油8毫升，食用油适量

/做法/

1. 鸡脖洗净切花刀，用烧烤粉、辣椒粉、食盐、辣椒油、烤肉酱、橄榄油、生抽腌渍30分钟。
2. 烧烤架上刷上食用油，放上鸡脖，用小火烤3分钟至变色。
3. 翻转鸡脖，用小火续烤3分钟至熟。
4. 将烤好的鸡脖装入盘中即可。

蜜汁烧鸡全腿

85分钟　　2人份

原料

鸡腿…2个

调料

烧烤汁…5毫升
花生酱…5克
芝麻酱…5克
食盐…3克
生抽…适量
蜂蜜…20克
食用油…10毫升

/做法/

1. 鸡腿洗净，用食盐、蜂蜜、烧烤汁、花生酱、芝麻酱、生抽、食用油腌渍约1小时。
2. 将鸡腿放到刷过油的烧烤架上，用中火烤8分钟至其呈微黄色。
3. 翻转鸡腿，刷上蜂蜜、烧烤汁，用小火烤8分钟至其上色。
4. 将鸡腿翻面，刷上蜂蜜、烧烤汁，用小火烤3分钟。
5. 用小刀在鸡腿上划小口，刷上蜂蜜、烧烤汁，继续烤3分钟。
6. 将鸡腿翻转几次，刷上蜂蜜与烧烤汁，至烤熟，将鸡腿装盘即可。

小提示： 蜂蜜不要刷得太多，以免影响鸡肉本身的鲜香和口感。

黑椒烤鸡腿

74分钟　3人份

原料

鸡腿3个

调料

生抽、烧烤汁各5毫升，食盐4克，烧烤粉8克，黑胡椒碎5克，芝麻油10毫升，孜然粉适量

/做法/

1. 鸡腿洗净，用烧烤粉、黑胡椒碎、食盐、烧烤汁、生抽、孜然粉、芝麻油腌渍约60分钟。
2. 将鸡腿放到烧烤架上，烤至焦黄色后翻面，刷上芝麻油，烤5分钟至金黄色。
3. 再次翻转鸡腿，刷上芝麻油，烤约5分钟，继续翻面，刷上芝麻油，烤约1分钟。
4. 翻面后续烤3分钟至其熟透即可。

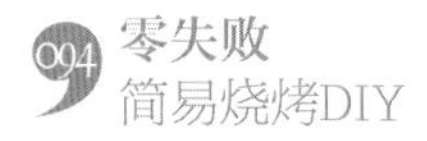

香辣烤凤爪

67分钟　　2人份

原料

鸡爪200克

调料

食盐3克，辣椒粉、烧烤粉各8克，烤肉酱5克，烧烤汁10毫升，辣椒油8毫升，孜然粉、食用油各适量

/做法/

1. 鸡爪洗净去爪尖，用辣椒粉、烧烤汁、辣椒油、烤肉酱、烧烤粉、食用油、孜然粉、食盐腌渍1小时。
2. 用烧烤针将鸡爪穿好，放到刷过油的烧烤架上，用中火烤3分钟至上色，翻面，烤至上色。
3. 用小刀将鸡爪肉划开，刷上油、烧烤汁后翻面，刷上油、烧烤汁，撒入辣椒粉、孜然粉，略烤。
4. 翻转鸡爪，刷上食用油，撒上辣椒粉，再次翻面，撒上辣椒粉，烤1分钟至熟即可。

烤鸡肉卷

46分钟　　3人份

原料

火腿肠…2根

黄瓜…100克

鸡胸肉…250克

调料

橄榄油…5毫升

白胡椒粉…5克

黑胡椒碎…3克

食盐…3克

鸡粉…5克

生抽…3毫升

生粉…少许

食用油…适量

小提示：腌渍鸡肉时可以加入适量生粉，这样口感更软嫩。

/做法/

1. 黄瓜洗净去籽切细长条；火腿肠切4瓣；鸡胸肉洗净切薄片，不切断。
2. 用食盐、白胡椒粉、黑胡椒碎、鸡粉腌渍鸡胸肉10分钟至入味。
3. 黄瓜、火腿上撒食盐、鸡粉，淋入橄榄油，腌渍10分钟至入味。
4. 将鸡胸肉放在砧板上，放上黄瓜、火腿，卷起鸡胸肉，用牙签固定，制成肉卷。
5. 用生粉粘住肉卷两端，在铺有锡纸的烤盘上刷上食用油。
6. 将鸡肉卷放入烤盘中，用上、下火250℃烤10分钟。
7. 取出烤盘，在肉卷上刷上生抽、食用油。
8. 放入烤箱续烤15分钟至熟。
9. 取出烤盘，将烤好的肉卷装入盘中即可。

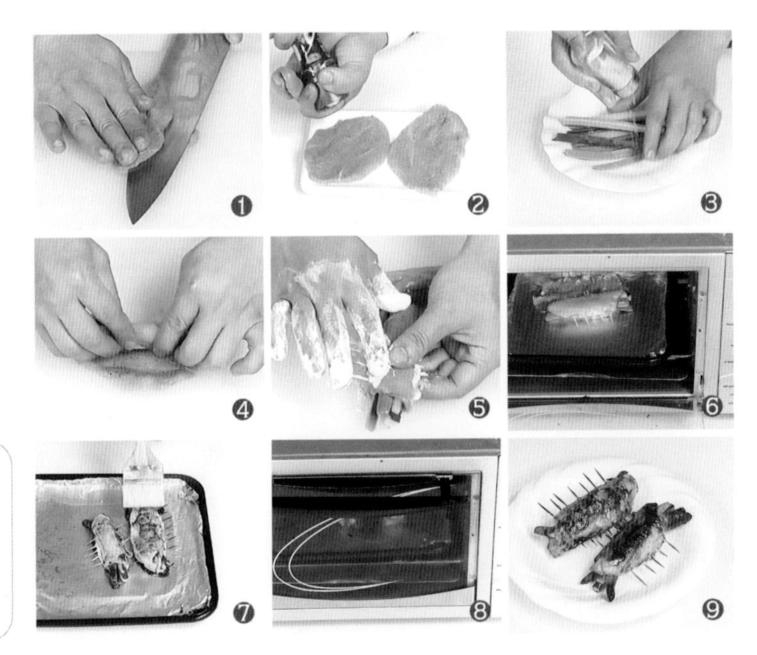

迷迭香烤鸡胸肉

28分钟　　2人份

原料

鸡胸肉200克

调料

食盐、鸡粉、迷迭香碎各3克，辣椒粉5克，烧烤汁10毫升，孜然粉、食用油各适量

/做法/

1. 鸡胸肉洗净切宽条，用鸡粉、食盐、烧烤汁、辣椒粉、孜然粉、食用油、迷迭香腌渍20分钟。
2. 用竹签将鸡胸肉穿成串，放到刷过油的烧烤架上，用中火烤3分钟至变色。
3. 翻转鸡胸肉串，刷上油、烧烤汁，用中火烤3分钟至变色后翻面，刷上油、烧烤汁，烤1分钟。
4. 将鸡胸肉串翻面，撒上迷迭香碎，刷上油后翻面，撒上迷迭香碎后，装盘即可。

串烧鸡球

48分钟　2人份

原料

鸡肾300克，白芝麻适量

调料

辣椒油10毫升，烧烤汁、芝麻油各5毫升，孜然粉10克，烧烤粉、辣椒粉各5克

/做法/

1. 鸡肾洗净切花刀，用烧烤粉、辣椒粉、烧烤汁、孜然粉、辣椒油、芝麻油、白芝麻腌渍40分钟。
2. 用烧烤针把鸡肾依次穿好，放到刷过食用油的烧烤架上，用大火烤2分钟至上色。
3. 鸡肾上刷上食用油，撒入孜然粉、辣椒粉，翻转鸡肾，用大火烤3分钟至上色。
4. 继续翻转鸡肾，撒上孜然粉、白芝麻，续烤至熟，将鸡肾装盘即可。

咖喱鸡肉串

67分钟　2人份

原料

鸡腿肉…300克

调料

食盐…3克

咖喱粉…15克

辣椒粉…5克

鸡粉…5克

花生酱…10克

食用油…适量

/做法/

1. 鸡腿洗净去骨、去皮，切小块，用食盐、鸡粉、辣椒粉、咖喱粉、食用油、花生酱腌渍1小时。
2. 用烧烤针将腌好的鸡腿肉穿好，备用。
3. 烧烤架上刷适量食用油。
4. 放上鸡腿肉串，用中火烤3分钟至变色。
5. 将鸡腿肉串翻面，刷上适量食用油，用中火烤3分钟至熟。
6. 再稍微烤一下，将烤好的鸡腿肉装入盘中即可。

小提示： 烤制时可以用叉子在鸡腿肉上插些小洞，这样比较容易熟透、入味。

串烧麻辣鸡块

35分钟　　2人份

原料

鸡腿2个，圆椒30克，彩椒150克，洋葱70克

调料

食盐、花椒粉、辣椒粉、孜然粉、食用油、烧烤汁、酱油、辣椒油、鸡精各适量

/做法/

1. 鸡腿洗净去骨，切2厘米见方的块，用鸡精、食盐、孜然粉、花椒粉、辣椒粉、酱油、食用油、辣椒油腌渍15分钟。
2. 彩椒、圆椒去籽切小方块；洋葱洗净切小方块，用烧烤针依次串上鸡腿肉、彩椒块、洋葱块。
3. 烤架上刷上食用油，放上串烧，略烤，在串烧上刷少量食用油，每烤3分钟换一面续烤。
4. 撒上花椒粉、孜然粉，刷上烧烤汁、食用油，略烤，装盘即可。

串烤鸭胗

30分钟　2人份

原料

鸭胗300克

调料

食盐3克，孜然粉10克，辣椒粉10克，烧烤粉5克，鸡粉3克，辣椒油10毫升，烧烤汁5毫升，白芝麻少许，食用油适量

/做法/

1. 鸭胗洗净切薄片，用鸡粉、烧烤粉、烧烤汁、辣椒油、辣椒粉、孜然粉、食盐、食用油腌渍20分钟。
2. 用竹签将腌好的鸭胗穿成串，放在刷过油的烧烤架上，用大火烤2分钟至变色。
3. 将鸭胗串翻面，刷上食用油，撒上孜然粉、辣椒粉，用大火烤2分钟。
4. 翻转鸭胗串，刷上食用油，撒上孜然粉、辣椒粉烤至熟，翻动鸭胗串，撒上白芝麻即可。

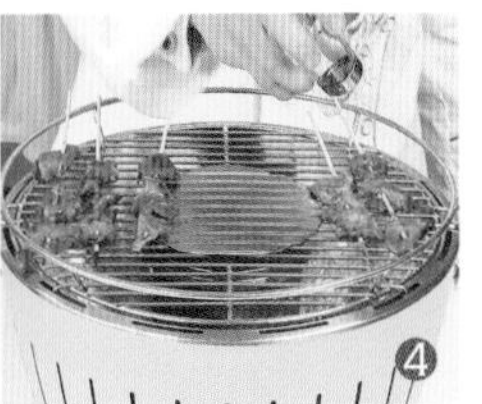

FOUR LEAF

美味烤鸭胗

22分钟　2人份

原料

鸭胗…140克

调料

食盐…1克　生抽…5毫升
胡椒粉…1克　鱼露…5毫升
花椒粉…2克　料酒…5毫升
孜然粉…2克　食用油…适量

/做法/

1. 洗净的鸭胗切片。
2. 鸭胗装入碗中，加食盐、料酒、胡椒粉、花椒粉、孜然粉、鱼露、生抽、适量食用油。
3. 搅拌均匀，腌渍10分钟至入味。
4. 备好烤箱，取出烤盘，铺上锡纸。
5. 刷上一层食用油。
6. 将腌好的鸭胗放到烤盘上。
7. 打开箱门，将烤盘放入烤箱中。
8. 用上火180℃、下火200℃，烤10分钟至熟透入味。
9. 取出烤盘，将烤好的鸭胗装盘即可。

小提示：由于食盐、鱼露、生抽都是咸味的，可适当减少上述调料的使用量。

烤箱鸭翅

75分钟　2人份

原料

鸭翅170克

调料

食用油适量，烤肉粉40克

/做法/

1. 将鸭翅倒入沸水锅中，汆煮去血水和腥味，捞出。
2. 将汆好的鸭翅装碗，倒入烤肉粉腌渍20分钟至入味。
3. 备好烤箱，烤盘上刷食用油后，放上鸭翅，用上、下火温度200℃，烤35分钟至六七成熟。
4. 取出烤盘，将鸭翅翻面，再放入烤箱中，烤20分钟至熟透入味，取出烤盘，装盘即可。

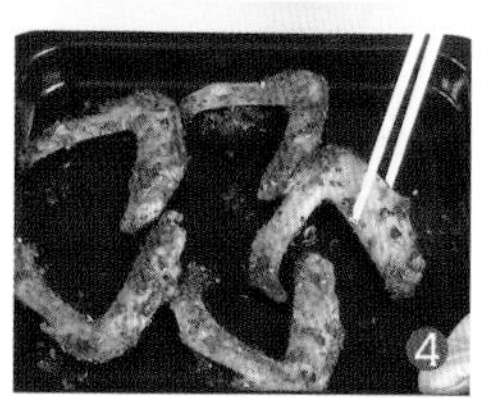

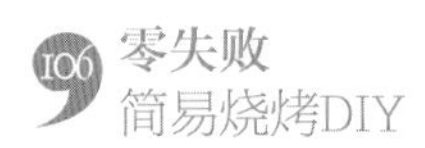

香辣鸭掌

13分钟　2人份

原料

熟鸭掌5个

调料

烧烤粉5克，辣椒粉5克，烤肉酱5克，烧烤汁5毫升，孜然粉4克，食盐少许，食用油适量

/做法/

1. 将熟鸭掌用鹅尾针穿成串，放到刷过食用油的烧烤架上，用小火烤5分钟至变色。
2. 鸭掌两面分别刷上烧烤汁，用小火烤5分钟至上色，翻转鸭掌，刷上烤肉酱，烤约半分钟至入味。
3. 鸭掌串两面撒上烧烤粉、食盐、辣椒粉，用小火烤1分钟。
4. 再撒上孜然粉，用小火烤至熟，将烤好的鸭掌串装入盘中即可。

香辣鸭肠

25分钟　　2人份

原料

鸭肠…100克

调料

食盐…2克
烧烤粉…5克
辣椒粉…5克
孜然粉…5克
芝麻油…5毫升
辣椒油…5毫升
生抽…5毫升
芝麻酱…少许
白芝麻…少许
食用油…适量

/做法/

1. 鸭肠洗净后装入碗中，撒入少许食盐、烧烤粉、孜然粉，拌匀。
2. 再淋入芝麻油、辣椒油，倒入适量芝麻酱，生抽，加入辣椒粉腌渍20分钟。
3. 将鸭肠用竹签穿成串，装入备好的盘中，待用。
4. 烧烤架上刷上适量食用油，把鸭肠串放在烤架上，用大火烤1分钟至变色。
5. 将鸭肠串翻面，用大火续烤1分钟至熟。
6. 再次翻转鸭肠串，撒上适量白芝麻，将烤好的鸭肠串装入盘中即可。

小提示：烤制前可以先将竹签放入清水中浸泡片刻，以免烤制时烤焦，影响鸭肠的口感。

烤乳鸽

⏱ 73分钟　　✂ 2人份

原料

乳鸽1只

调料

柱侯酱、芝麻酱、海鲜酱各10克，烧烤汁、生抽、橄榄油各10毫升

/做法/

1. 将芝麻酱、柱侯酱、海鲜酱、烧烤汁放入洗净的乳鸽肚中，在乳鸽表面刷上生抽腌渍1小时至入味。
2. 在铺有锡纸的烤盘上刷橄榄油，放上乳鸽，用上、下火250℃，烤5分钟。
3. 取出烤盘，在乳鸽表面刷上生抽，续烤3分钟至上色后，将乳鸽翻面。
4. 再次在乳鸽表面刷上橄榄油、生抽，烤5分钟后，取出装盘即可。

烤鹌鹑

25分钟　2人份

原料

鹌鹑2只，葱段5克，姜片10克，蒜瓣15克

调料

食盐5克，生抽10毫升，烧烤粉5克，柱侯酱、花生酱、芝麻酱各3克，辣椒粉5克，孜然粉、食用油各适量

/做法/

1. 沸水锅中下姜片、蒜瓣、葱段、生抽、食盐、鹌鹑，略煮捞出。
2. 鹌鹑肚中放入葱段、蒜瓣、姜片、烧烤粉、柱侯酱、花生酱、芝麻酱，鹌鹑表面撒上孜然粉、食盐、辣椒粉、食用油抹匀。
3. 将鹌鹑放到铺锡纸的烤盘上，放上葱段、姜片、蒜，用上火220℃、下火230℃，烤15分钟至表皮呈金黄色。
4. 将鹌鹑翻面后，刷上适量食用油，续烤5分钟，取出烤盘，装入盘中即可。

烤鹌鹑蛋

7分钟　2人份

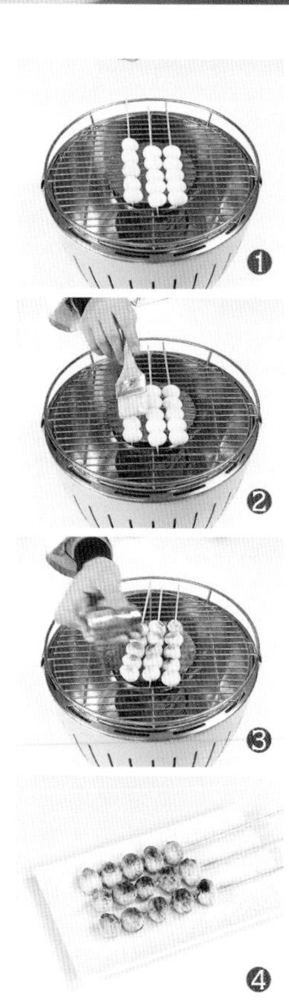

原料

熟鹌鹑蛋300克

调料

烧烤粉5克，孜然粉3克，辣椒粉5克，食盐2克，食用油适量

/做法/

1. 将熟鹌鹑蛋用竹签穿成串，放在刷过食用油的烧烤架上，用中火烤2分钟。
2. 刷上食用油，在鹌鹑蛋两面都撒上辣椒粉、孜然粉、烧烤粉、食盐，用中火烤2分钟至其呈金黄色。
3. 将鹌鹑蛋翻面，撒上烧烤粉、孜然粉，烤1分钟。
4. 把烤好的鹌鹑蛋装入盘中即可。

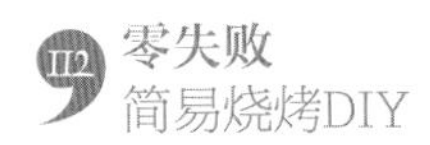

第4章

鲜香水产篇

自古皆言水火不容，但当烧烤遇到水产，当你亲眼看见秋刀鱼、三文鱼或扇贝，在烤炉上开始舞动，并滋滋作响地吟唱起来时，加之那扑鼻而来的香气，水火不容的魔咒就这样不攻而自破。水产可以串烧、炭烤，也可以照烧，还可以给它们穿上锡纸外衣来烤，味道自不用赘言，怎一个美味了得！

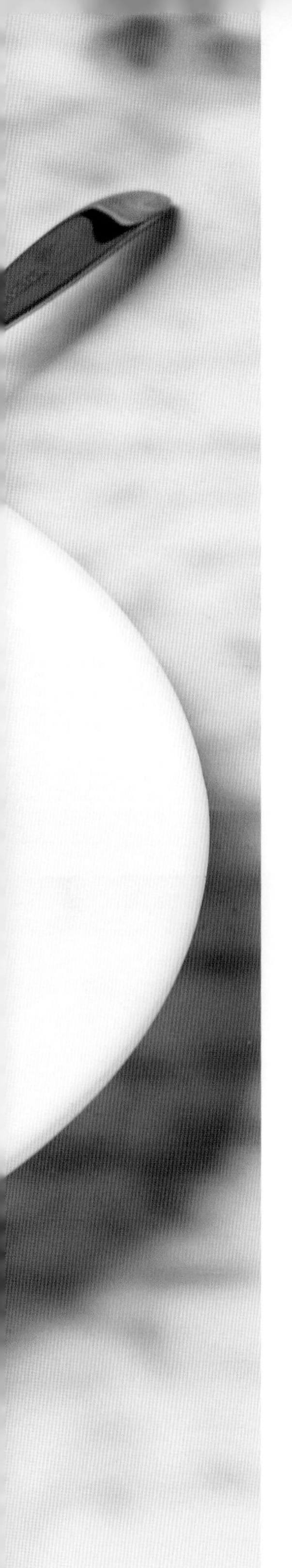

烤银鳕鱼

32分钟　　2人份

原料

银鳕鱼肉…100克

调料

橄榄油…10毫升
食盐…2克
白胡椒粉…2克
烧烤粉…5克
烧烤汁…适量
柠檬…适量

/做法/

1. 鱼肉洗净，两面均匀抹上食盐、白胡椒粉，挤入柠檬汁，腌渍10分钟至其入味。
2. 烧烤架上刷橄榄油，放上银鳕鱼，用中火烤5分钟至变色。
3. 将银鳕鱼翻面，刷上少量橄榄油、烧烤汁，用中火烤5分钟至上色。
4. 翻转银鳕鱼，刷上橄榄油、烧烤汁，用中火烤1分钟至入味。
5. 再次翻转银鳕鱼，撒上适量烧烤粉，烤1分钟至熟。
6. 将烤好的银鳕鱼装入盘中即可。

小提示： 因为银鳕鱼的肉质比较细腻，所以烤制的时候要注意火候。

莳萝草烤银鳕鱼

11分钟　　2人份

原料

银鳕鱼块100克，干莳萝草末少许

调料

食盐2克，白胡椒粉3克，烧烤粉3克，烧烤汁5毫升，黑胡椒碎、橄榄油各适量

/做法/

1. 银鳕鱼洗净去骨，两面分别抹上食盐、白胡椒粉、烧烤粉、干莳萝草末、烧烤汁腌渍5分钟。
2. 烧烤架上刷适量橄榄油，放上银鳕鱼，用中火烤3分钟至变色。
3. 翻转银鳕鱼，撒入适量黑胡椒碎，用中火烤3分钟至熟。
4. 将烤好的银鳕鱼装入盘中即可。

炭烤舌鳎鱼

68分钟　2人份

原料

舌鳎鱼2条

调料

辣椒粉8克，烧烤粉5克，烧烤汁5毫升，孜然粉、白胡椒粉、食用油各适量

/做法/

1. 舌鳎鱼肉洗净，两面撒上烧烤粉、辣椒粉、白胡椒粉、孜然粉，刷上烧烤汁、食用油，腌渍1小时。
2. 烧烤架上刷适量食用油，放上舌鳎鱼，用中火烤3分钟至上色。
3. 将鱼翻面，用中火烤3分钟至上色，刷上食用油、烧烤汁，撒上适量烧烤粉、孜然粉。
4. 再次将舌鳎鱼翻面，刷上食用油、烧烤汁，继续烤1分钟，将烤好的舌鳎鱼装盘即可。

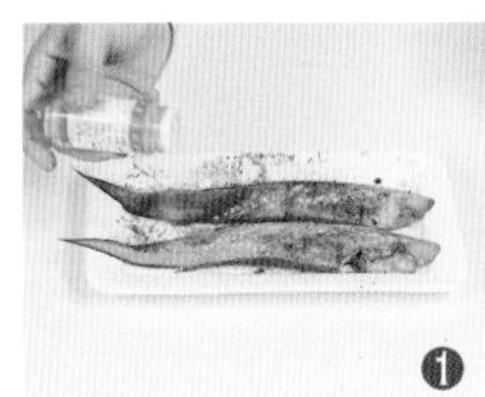

罗勒烤鲈鱼柳

16分钟　2人份

原料

鲈鱼…1条

罗勒叶…10克

调料

烧烤粉…5克

辣椒粉…8克

食盐…3克

烧烤汁…8毫升

白胡椒粉…适量

橄榄油…适量

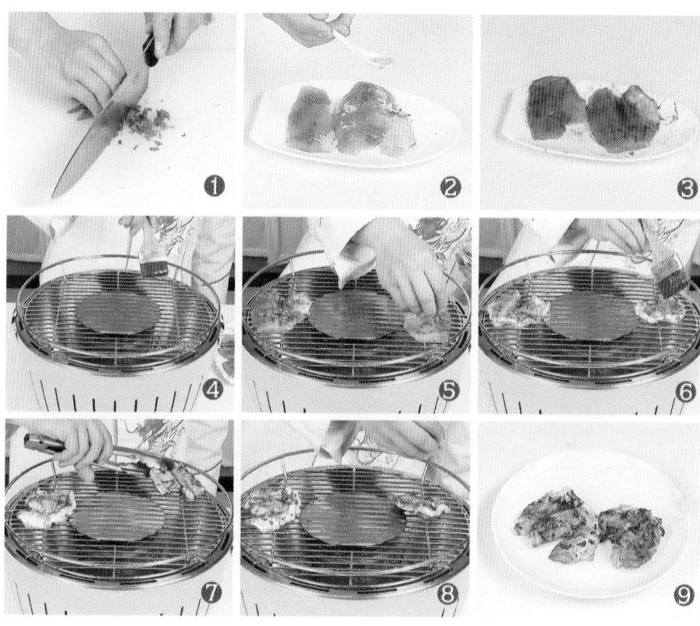

/做法/

1. 鲈鱼洗净剔骨、去皮；罗勒叶洗净切碎末。
2. 鲈鱼两面均抹上食盐、白胡椒粉、烧烤粉、辣椒粉、烧烤汁。
3. 再加入橄榄油，腌渍10分钟。
4. 烧烤架上刷适量橄榄油。
5. 将鲈鱼放到烧烤架上，撒上罗勒叶末，用中火烤3分钟至变色。
6. 刷上少许橄榄油。
7. 将鲈鱼翻面，撒上适量罗勒叶末，刷上橄榄油。
8. 再撒入适量辣椒粉，用中火烤2分钟至熟。
9. 撒上罗勒叶，将烤好的鲈鱼装入盘中即可。

小提示: 若希望鱼柳的味道重一点的话，可以适当延长腌渍的时间。

烤秋刀鱼

20分钟　2人份

原料

秋刀鱼2条，柠檬适量，薄荷叶适量

调料

食盐、食用油、胡椒粉各适量

/做法/

1. 秋刀鱼肉洗净，两面切十字刀，用食盐腌渍片刻，再撒上胡椒粉腌渍约10分钟。
2. 将秋刀鱼放到烤架上，刷上食用油，烤5分钟至金黄色。
3. 翻转秋刀鱼，续烤5分钟至金黄色。
4. 将烤好的秋刀鱼装盘，把柠檬汁均匀地挤在鱼身上，再用薄荷叶装饰一下。

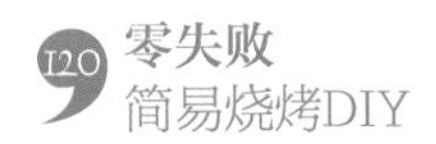

香辣马面鱼

80分钟　　2人份

原料

马面鱼1条

调料

芝麻油10毫升，辣椒油8毫升，芝麻酱、海鲜酱、辣椒粉各5克，食盐3克，生抽5毫升，孜然粉适量

/做法/

1. 马面鱼去皮洗净，两面切一字刀，撒上食盐、辣椒粉、孜然粉，加入生抽、海鲜酱、芝麻酱、芝麻油、辣椒油腌渍1小时。
2. 用竹签穿过鱼身，放到刷过芝麻油的烧烤架上，用小火烤8分钟至变色。
3. 鱼身上刷上芝麻油，翻面，再刷上芝麻油，用小火烤8分钟至变色。
4. 再次翻转马面鱼，刷上芝麻油，撒上辣椒粉、孜然粉，烤至熟，剪去鱼刺，装盘即可。

串烧三文鱼

15分钟　2人份

原料

三文鱼…150克
圆椒…适量
彩椒…适量

调料

食盐…3克
白胡椒粉…5克
孜然粉…5克
烧烤粉…5克
烧烤汁…8毫升
柠檬…适量
食用油…适量

/做法/

1. 圆椒、彩椒均洗净切小块。
2. 三文鱼洗净切小块，装入碗中。
3. 碗中撒入食盐、烧烤粉、孜然粉、烧烤汁、白胡椒粉，淋入适量食用油。
4. 再挤入适量柠檬汁，拌匀，腌渍10分钟至其入味。
5. 用烧烤针将圆椒、彩椒、三文鱼依次穿成串，备用。
6. 烧烤架上刷上适量食用油，放上烤串，用中火烤2分钟至变色。
7. 翻转烤串，刷上适量食用油、烧烤汁，用中火续烤2分钟至变色。
8. 再次将烤串翻面，刷上少量烧烤汁，烤约1分钟至熟。
9. 将烤好的三文鱼串装入盘中即可。

小提示: 处理三文鱼时，手和刀上会有腥味，用柠檬擦手和刀，可以彻底去除三文鱼的腥味。

莳萝草烤三文鱼

14分钟　　2人份

原料

三文鱼…150克
莳萝草…5克

调料

食盐…3克
黑胡椒粉…2克
白胡椒粉…2克
柠檬…适量
食用油…适量

/做法/

1. 三文鱼洗净切小块，装入碗中。
2. 莳萝草洗净切成末，放入装有三文鱼的碗中。
3. 撒入食盐、黑胡椒粉，倒入适量食用油，拌匀，腌渍10分钟至其入味。
4. 用竹签将三文鱼穿成串，放到刷过食用油的烧烤架上，大火烤1分钟至变色。
5. 将三文鱼翻面，刷上少量食用油，用大火烤约1分钟。
6. 旋转烤串，将柠檬汁挤在鱼肉上，续烤1分钟至熟，将烤好的三文鱼装盘即可。

小提示：莳萝草最好多腌渍一会儿，才能发挥其最大风味。

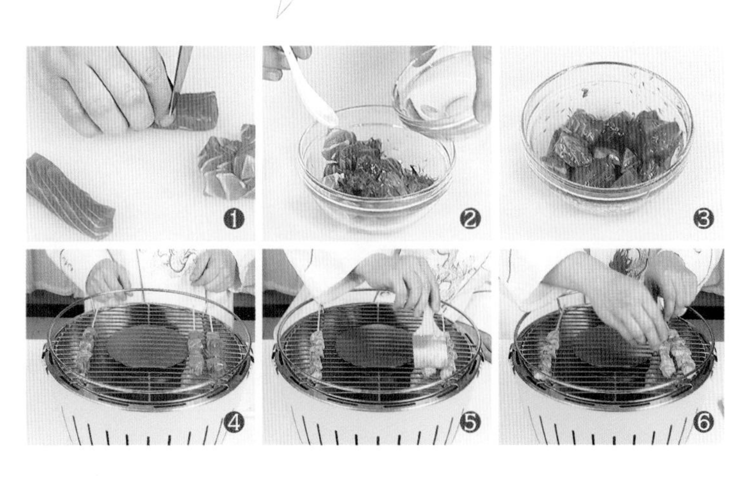

香辣青鱼

18分钟　1人份

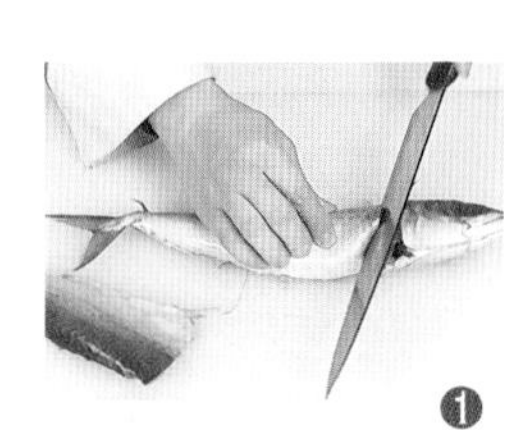

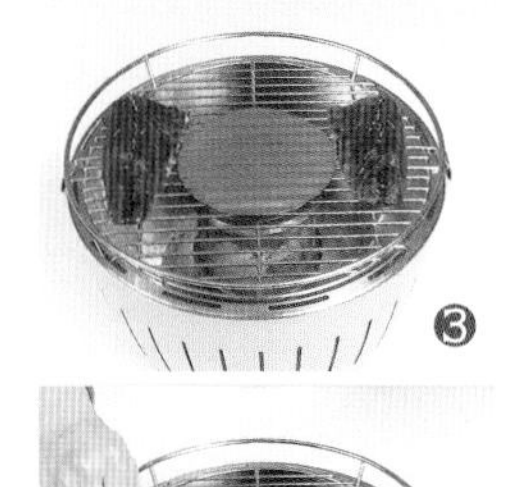

原料

青鱼1条

调料

食盐3克，烧烤粉、辣椒粉各5克，烧烤汁8毫升，辣椒油8毫升，柠檬、白胡椒粉、孜然粉、食用油各适量

/做法/

1. 青鱼洗净去大骨、鱼头、鱼尾，切成两片。
2. 用食盐、烧烤粉、白胡椒粉、辣椒粉、孜然粉、辣椒油、烧烤汁腌渍10分钟。
3. 在烧烤架上刷上食用油，放上青鱼，用小火烤5分钟。
4. 在鱼肉上挤上柠檬汁，翻转青鱼，用小火续烤至鱼肉熟透即可。

锡烤福寿鱼

50分钟　1人份

原料

福寿鱼1条

调料

白胡椒粉、烧烤粉、辣椒粉各5克，食盐3克，芝麻油、辣椒油、烧烤汁各5毫升，孜然粒3克

/做法/

1. 福寿鱼洗净切一字刀，两面均抹上食盐、白胡椒粉、烧烤粉、辣椒粉。
2. 再淋入芝麻油、辣椒油、烧烤汁，撒入孜然粒，腌渍30分钟至其入味。
3. 将福寿鱼放到铺有锡纸的烤盘上，用上、下火250℃烤15分钟。
4. 取出烤盘，翻转鱼后，放入烤箱，续烤至熟，取出，将烤好的福寿鱼装盘即可。

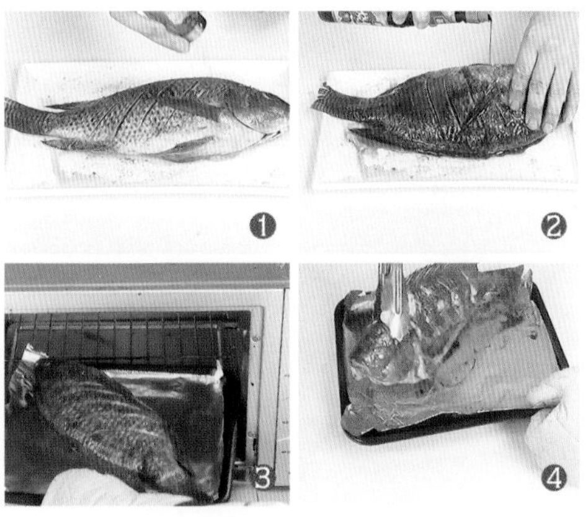

照烧鳗鱼

12分钟　1人份

原料

鳗鱼柳…200克

调料

生抽…5毫升

橄榄油…10毫升

烧烤汁…5毫升

蜂蜜…少许

食用油…少许

/做法/

1. 在铺有锡纸的烤盘上刷橄榄油，放入洗净的鳗鱼柳。
2. 将烤箱温度调成上、下火250℃。
3. 放入烤盘，烤3分钟。
4. 取出烤盘，在鳗鱼柳上刷上橄榄油、烧烤汁、生抽、蜂蜜。
5. 将烤盘放入烤箱，续烤3分钟。
6. 从烤箱中取出烤盘。
7. 刷上适量食用油、烧烤汁、生抽、蜂蜜。
8. 再将烤盘放入烤箱，继续烤3分钟至熟。
9. 取出烤盘，将烤好的鳗鱼装入盘中即可。

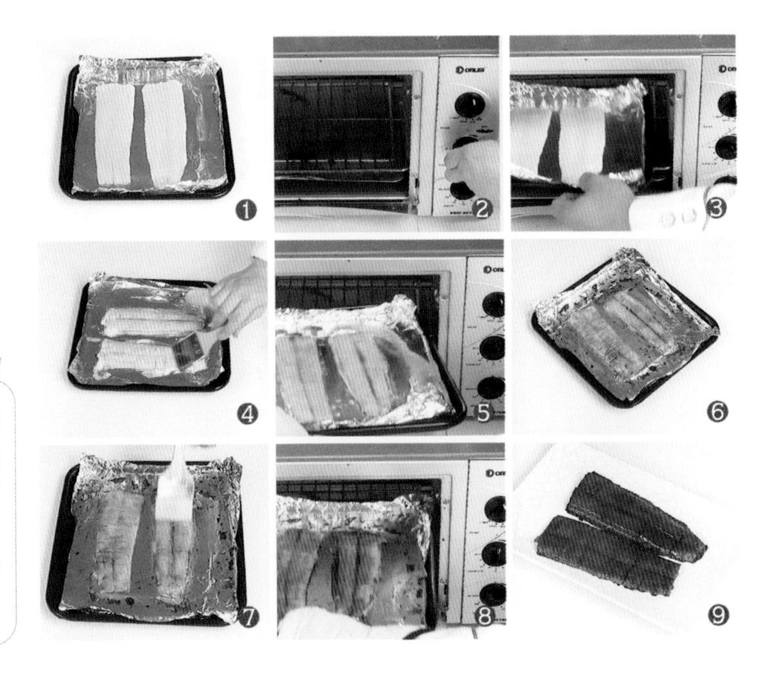

小提示：由于鳗鱼胆固醇含量较高，所以可以在烤制前先蒸一会儿，去除脂肪后再烤。

盐烧多春鱼

8分钟　2人份

原料

多春鱼6条，柠檬15克

调料

食盐4克，酱油5毫升，胡椒粉、鸡粉、食用油各适量

/做法/

1. 多春鱼洗净，两面均撒上食盐、鸡粉，再将胡椒粉撒在鱼的表面，以去除腥味。
2. 烧烤架上刷食用油，放上多春鱼，烤约3分钟。
3. 将鱼翻面，烤约3分钟至其两面呈金黄色后，再次翻面，烤约1分钟至熟。
4. 将烤好的鱼装盘，在鱼身上挤上柠檬汁，食用时蘸上酱油即可。

辣烤沙尖鱼

20分钟　2人份

原料

沙尖鱼200克

调料

柠檬30克，孜然粉、烧烤粉各3克，辣椒粉5克，辣椒油10毫升，食盐3克，烧烤汁5毫升，鸡粉、食用油各适量

/做法/

1. 柠檬洗净切小块；沙尖鱼洗净装碗，挤入柠檬汁，加入鸡粉、辣椒粉、烧烤粉、食盐、孜然粉、辣椒油、烧烤汁腌渍10分钟。
2. 在烧烤架上刷食用油，放上沙尖鱼，用中火烤3分钟后，将鱼翻面，刷上食用油、烧烤汁，撒上辣椒粉，续烤3分钟。
3. 再刷上食用油、烧烤汁，撒上孜然粉、辣椒粉，用小火烤1分钟。
4. 将鱼翻面，刷上食用油、烧烤汁，撒上孜然粉、辣椒粉，用小火烤1分钟后，装盘即可。

茴香籽马鲛鱼

47分钟　　1人份

原料

马鲛鱼肉…3块

调料

茴香籽…5克

食盐…3克

烧烤粉…5克

白胡椒粉…3克

烧烤汁…8毫升

橄榄油…10毫升

柠檬汁…适量

食用油…适量

/做法/

1. 在鱼肉上滴上少许柠檬汁。
2. 鱼肉两面均匀地撒上食盐、烧烤粉、白胡椒粉。
3. 再撒上茴香籽，淋上烧烤汁，抹匀后，淋入橄榄油，拌匀，腌渍30分钟。
4. 在烧烤架上刷适量食用油。
5. 将腌好的鱼肉放到烧烤架上，用小火烤8分钟至变色。
6. 翻转鱼肉，用小火续烤8分钟至食材入味，将烤好的马鲛鱼装入盘中即可。

小提示：在烤制马鲛鱼之前，可以在鱼身上抹上少许食用油，这样能增加其香味。

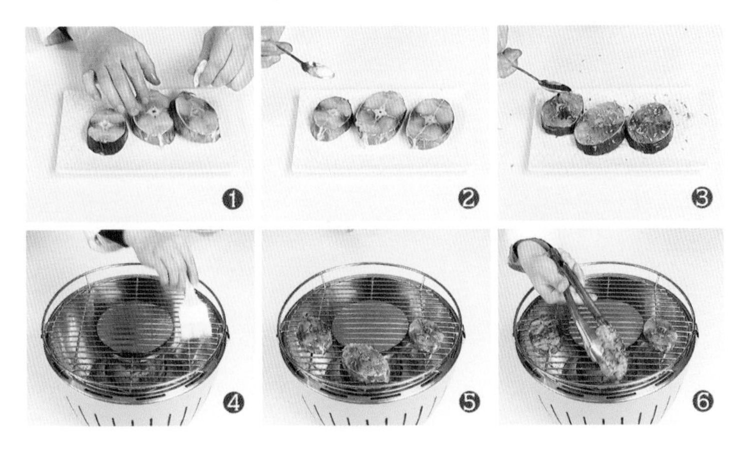

炭烤金鲳鱼

🕓 130分钟　　✂ 1人份

原料

金鲳鱼1条

调料

辣椒粉8克，烧烤粉5克，烧烤汁5毫升，孜然粉、白胡椒粉、食用油各适量

/做法/

1. 金鲳鱼洗净斜切一字刀，两面均撒上辣椒粉、烧烤粉、白胡椒粉、孜然粉，加入食用油、烧烤汁腌渍2小时。
2. 将金鲳鱼置烧烤架上，用中火烤至表面呈金黄色，翻转金鲳鱼，刷上食用油、烧烤汁，用中火烤5分钟至上色。
3. 再次翻转金鲳鱼，刷上食用油、烧烤汁，用中火烤约3分钟。
4. 再刷上食用油、烧烤汁，烤1分钟至其入味，把烤好的金鲳鱼装入盘中即可。

炭烤鱿鱼须

66分钟　2人份

原料

鱿鱼须300克，姜片、葱条、蒜末各适量

调料

烧烤粉、孜然粉各5克，生抽5毫升，辣椒粉、海鲜酱各10克，食盐3克，芝麻酱5克，食用油适量

/做法/

1. 鱿鱼须洗净切条，用姜片、葱条、蒜末、食盐、烧烤粉、辣椒粉、孜然粉、生抽、海鲜酱、芝麻酱拌匀，腌渍1小时。
2. 用竹签把鱿鱼须穿成串，放到烧烤架上，用中火烤3分钟至上色。
3. 刷上食用油，用刀把鱿鱼须划开，撒上孜然粉，翻面，续烤2分钟至变色后，刷上食用油。
4. 撒上辣椒粉，翻转鱿鱼须，烤1分钟至熟即可。

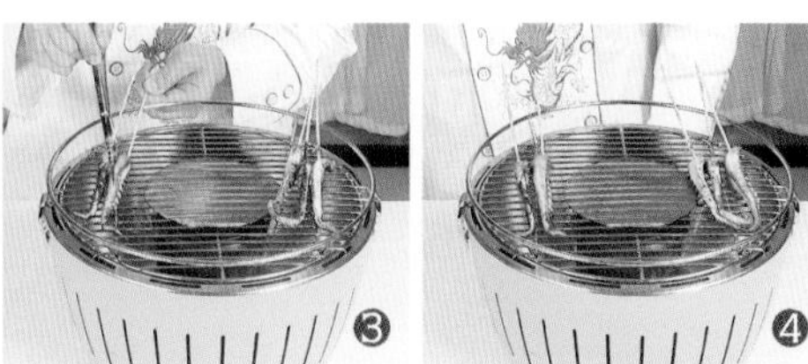

蔬菜鱿鱼卷

20分钟　2人份

原料

鱿鱼…2条

西芹…20克

黄瓜…100克

胡萝卜…100克

调料

烧烤汁…10毫升

海鲜酱…5克

食盐…3克

烧烤粉…5克

食用油…适量

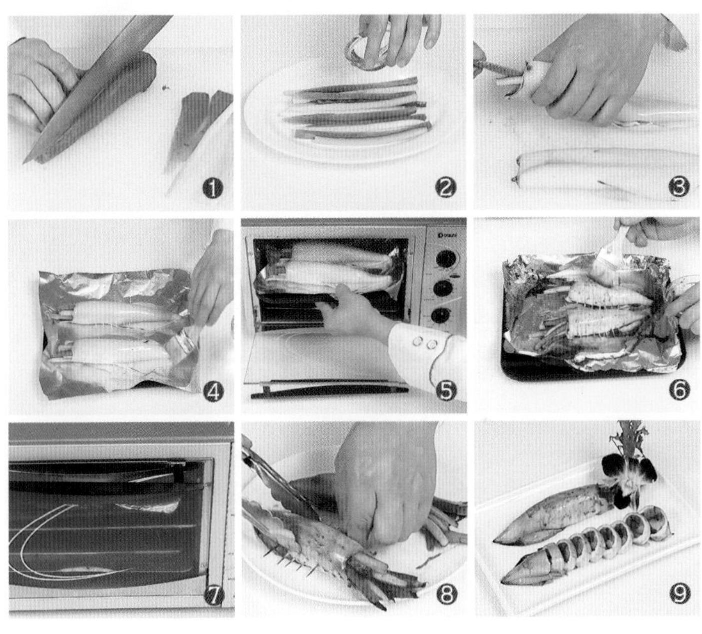

/做法/

1. 黄瓜洗净；胡萝卜、西芹削皮，将它们切成与鱿鱼长度相等的细长条。
2. 用食盐、烧烤粉、食用油腌渍5分钟。
3. 将海鲜酱、食盐、胡萝卜条、西芹条、黄瓜条放入鱿鱼筒中。
4. 用牙签穿过鱿鱼后，放在铺锡纸的烤盘上，表面刷上食用油。
5. 以上、下火180℃，烤10分钟。
6. 取出烤盘，刷上烧烤汁。
7. 再把烤盘放入烤箱中，继续烤5分钟。
8. 将取出的鱿鱼放入盘中，去除牙签。
9. 将鱿鱼切成圈，装入盘中即可。

小提示：最好将蔬菜条切得粗细均匀一些，这样烤制时食材更容易熟透。

香辣干鱿串

66分钟　2人份

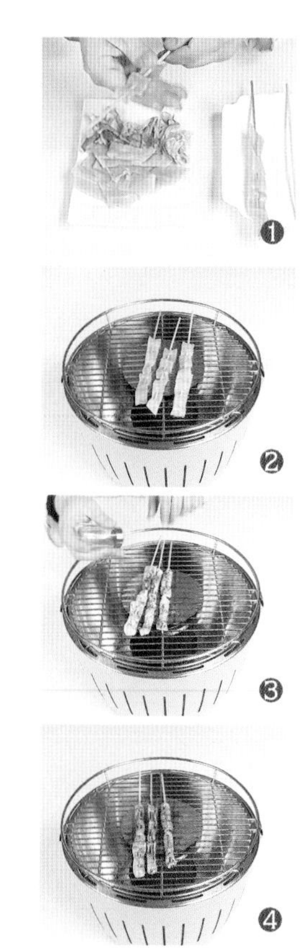

原料

干鱿鱼2条

调料

烧烤汁5毫升，辣椒粉、孜然粉各5克，辣椒油5毫升，食用油10毫升

/做法/

1. 将鱿鱼浸泡1小时至软，撕去表皮与胶片，切成宽1.5厘米的条，用竹签穿好。
2. 在烧烤架上刷食用油，放上鱿鱼串，刷上食用油，用小火烤2分钟至上色。
3. 在鱿鱼串两面均匀地撒上辣椒粉、孜然粉，刷上辣椒油、烧烤汁。
4. 将鱿鱼串翻面，用小火续烤3分钟至熟，装盘即可。

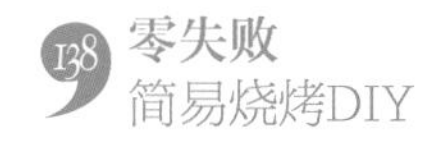

串烧墨鱼仔

5分钟　2人份

原料

墨鱼仔300克

调料

食盐2克，芝麻油10毫升，烧烤汁8毫升，烧烤粉8克，孜然粉适量

/做法/

1. 用鹅尾针将处理干净的墨鱼仔穿成串。
2. 在烧烤架上刷芝麻油，放上墨鱼串，用大火烤2分钟至变色。
3. 旋转墨鱼串，刷上芝麻油、烧烤汁，撒上食盐、烧烤粉、孜然粉，用大火烤2分钟至熟。
4. 将烤好的墨鱼仔装盘即可。

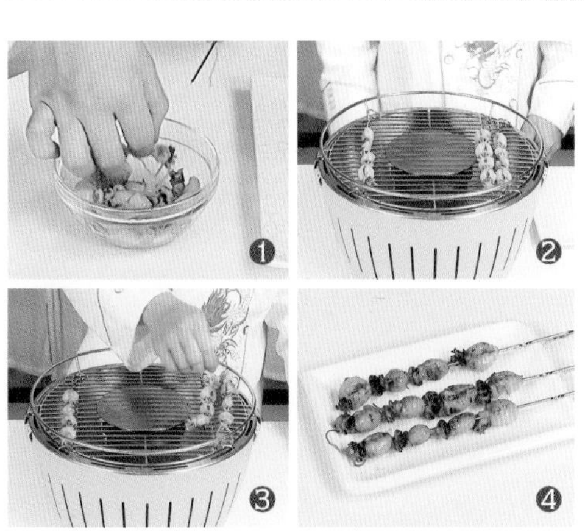

烤鱿鱼干

5分钟　2人份

原料

干鱿鱼…3条

调料

生抽…适量

芥末…适量

/做法/

1. 将干鱿鱼表面的皮和胶板撕掉。
2. 用竹签将干鱿鱼穿成串，待用。
3. 将鱿鱼干放到烧烤架上，用中火烤1分钟至起泡。
4. 翻转鱿鱼干，用中火烤1分钟至起泡。
5. 将烤好的鱿鱼干装入盘中。
6. 把鱿鱼干撕成细丝，摆上适量生抽和芥末，蘸着食用即可。

小提示： 可以依个人口味调配蘸料，如喜欢味道稍重些，可适当多加些调料。

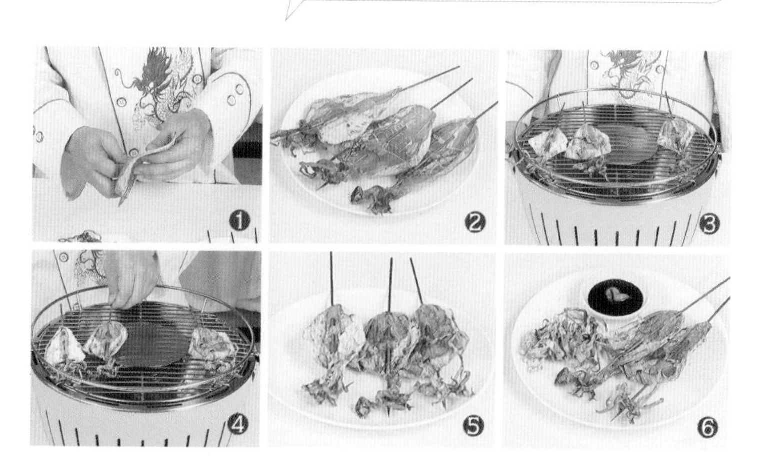

串烤鱿鱼花

◷ 17分钟　✕ 2人份

原料

鱿鱼400克

调料

烧烤汁8毫升，花生酱、辣椒粉各8克，芝麻酱、烧烤粉各5克，白芝麻、孜然粉、食用油各适量

/做法/

1. 鱿鱼洗净切小块，放入沸水锅中汆煮，捞出。
2. 用烧烤粉、辣椒粉、孜然粉、烧烤汁、食用油、芝麻酱、花生酱拌匀，腌渍10分钟。
3. 用竹签将鱿鱼穿成串，放到刷过食用油的烧烤架上，用中火烤2分钟至变色。
4. 翻转烤串，刷上食用油、烧烤汁，撒上白芝麻，烤约2分钟后再翻面，撒上白芝麻，烤约1分钟，装盘即可。

烤墨鱼丸

10分钟　2人份

原料

墨鱼丸150克

调料

烧烤粉、辣椒粉各5克，孜然粉少许，食用油适量

/做法/

1. 墨鱼丸洗净用竹签穿成串，放在刷过食用油的烧烤架上。
2. 旋转墨鱼丸，刷上适量食用油，撒上烧烤粉、孜然粉、辣椒粉。
3. 再次翻转墨鱼丸，用小火烤5分钟至熟。
4. 将烤好的墨鱼丸装盘即可。

孜然串烧虾

18分钟　2人份

原料

虾…250克

调料

孜然粒…5克　芝麻油…8毫升
烧烤粉…5克　孜然粉…3克
辣椒粉…5克　烧烤汁…适量
辣椒油…8毫升　食盐…适量

/做法/

1. 将洗净的虾由背部切开，去除虾线。
2. 把处理好的虾装入碗中，放入适量食盐、烧烤粉、辣椒粉、孜然粉。
3. 再淋入辣椒油、烧烤汁，搅拌均匀，腌渍约10分钟至其入味。
4. 将虾摆成“U”形，再逐一穿起来，备用。
5. 把虾串放到烧烤架上，烤约3分钟至一面变色。
6. 将虾串翻面，刷上适量芝麻油，撒上少许孜然粒，继续烤约3分钟。
7. 再次将虾串翻面，刷上适量芝麻油。
8. 撒上适量孜然粒，烤约1分钟。
9. 快速翻转，撒上适量孜然粉即可。

小提示：可以用牙签插入虾背，挑去虾线，这样吃起来虾的味道会更好。

蒜蓉迷迭香烤虾

18分钟　2人份

原料

虾120克，迷迭香35克，蒜蓉45克

调料

食盐1克，黑胡椒粉5克，料酒5毫升，食用油适量

/做法/

1. 虾洗净去虾线。
2. 取一空碗，倒入蒜蓉、迷迭香，加入食盐、黑胡椒粉、料酒、食用油，搅拌均匀，制成调味酱。
3. 备好烤箱，烤盘上铺上锡纸，刷上食用油，放上虾，均匀地放入调味酱。
4. 将烤盘放入烤箱中，用上、下火200℃，烤15分钟至虾熟透即可。

炭烤虾丸

10分钟　2人份

原料

虾丸150克

调料

烧烤粉、辣椒粉各5克，孜然粉少许，食用油适量

/做法/

1. 虾丸洗净用竹签穿成串。
2. 在烧烤架上刷上食用油，将虾丸串放到烧烤架上。
3. 旋转虾丸串，刷上食用油，撒上烧烤粉、孜然粉、辣椒粉。
4. 继续旋转虾丸串，用小火烤5分钟至熟，将烤好的虾丸装盘即可。

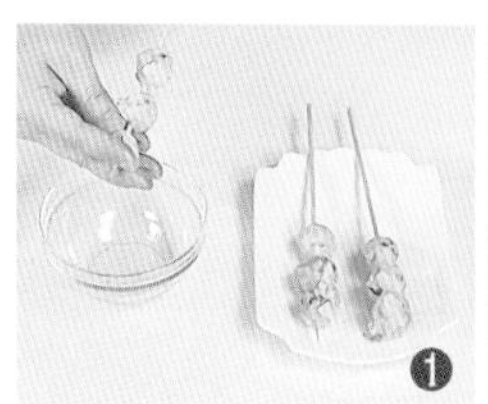

香草黄油烤明虾

22分钟　1人份

原料

明虾…100克
蒜蓉…5克
迷迭香末…5克
茴香草末…适量

调料

黄油…15克
食盐…3克
白胡椒粉…3克
柠檬汁…适量

/做法/

1. 明虾洗净去虾须、虾脚、虾箭、沙线，斩开头部不切断。
2. 用食盐、白胡椒粉、柠檬汁，腌渍明虾5分钟至入味。
3. 将迷迭香末、蒜蓉、茴香草末、食盐倒入熔化的黄油中，拌匀，做成黄油酱。
4. 烤箱温度调成上、下火220℃，放入盛有明虾的烤盘，烤10分钟至虾肉呈金黄色。
5. 取出烤盘，在虾肉上均匀地抹上黄油酱，再放入烤箱，继续烤5分钟至熟。
6. 从烤箱中取出烤盘，将烤好的明虾装盘即可。

小提示： 用刀背轻轻拍打虾肉，使其松散些，这样更容易入味。

烤芒果虾串

13分钟 2人份

原料

芒果1个，明虾200克

调料

食盐3克，白胡椒粉3克，鸡粉少许，食用油适量

/做法/

1. 芒果洗净切十字刀；明虾去头、剥壳后留下虾尾，洗净。
2. 在虾肉上撒上食盐、白胡椒粉、鸡粉拌匀，腌渍5分钟至其入味。
3. 将明虾与芒果交错穿到竹签上，放到刷过油的烧烤架上，用中火烤3分钟至变色。
4. 翻转烤串后，刷上食用油，用中火烤3分钟至熟，将芒果虾串装盘即可。

香辣蟹柳

7分钟　1人份

原料

蟹柳150克

调料

辣椒油5毫升，辣椒粉、烧烤粉各5克，食盐少许，孜然粉适量，食用油5毫升

/做法/

1. 将蟹柳放入铺有锡纸的烤盘中。
2. 在蟹柳上刷上食用油，撒上食盐、辣椒粉、烧烤粉、孜然粉，再刷上辣椒油。
3. 将烤箱温度调成上、下火220℃，放入烤盘，烤5分钟至熟。
4. 从烤箱中取出烤盘，将烤好的蟹柳装入盘中即可。

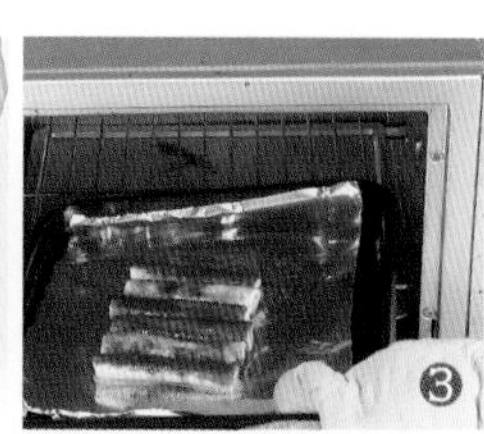

金菇扇贝

⊙ 7分钟 ✕ 2人份

原料

扇贝…4个

金针菇…15克

红椒末…10克

彩椒末…10克

调料

食盐…2克

鸡粉…适量

白胡椒粉…适量

食用油…10毫升

/做法/

1. 将洗净的金针菇切成3厘米长的段，备用。
2. 将洗净的扇贝放到烧烤架上，用大火烤1分钟至起泡。
3. 在扇贝上淋入适量食用油。
4. 撒上少许食盐，用夹子翻转扇贝肉，再次撒上适量食盐。
5. 撒上少许鸡粉、白胡椒粉。
6. 把切好的金针菇段放到扇贝肉上。
7. 撒上少许食盐，用大火烤1分钟。
8. 将红椒末、彩椒末放到扇贝肉上，用大火续烤1分钟至食材熟透。
9. 将烤好的金菇扇贝装入盘中即可。

小提示： 烤制前可以用刀在扇贝肉上划十字花刀，这样更易入味。

焗烤扇贝

16分钟　　2人份

原料

扇贝160克，奶酪碎65克，蒜末少许

调料

食盐1克，料酒5毫升，食用油适量

/做法/

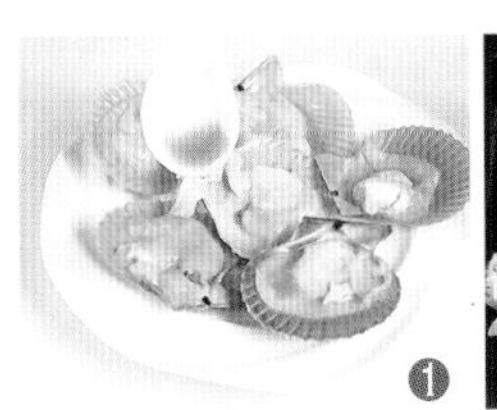

1. 将扇贝肉洗净撒上食盐，淋入料酒，加上奶酪碎、蒜末、食用油，备用。
2. 准备好烤箱，取出烤盘，放上扇贝。
3. 以上、下火200℃，烤15分钟至扇贝熟透。
4. 打开箱门，取出烤盘，将烤好的扇贝装盘即可。

蒜蓉扇贝

10分钟　2人份

原料

扇贝4个，蒜蓉、彩椒末各适量

调料

食盐、白胡椒粉各适量，食用油8毫升

/做法/

1. 将洗净的扇贝放在烧烤架上，用中火烤至起泡。
2. 在扇贝上淋入适量食用油。
3. 撒上食盐、白胡椒粉，放入蒜蓉、彩椒末，用中火烤5分钟至熟。
4. 将烤好的扇贝装入盘中即可。

❶

❷

❸

❹

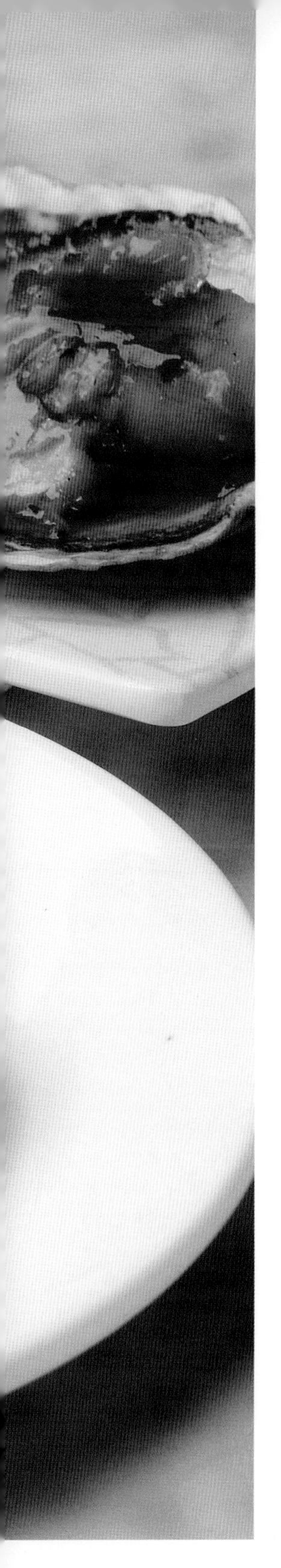

甜辣酱烤扇贝

🕓 12分钟　　✕ 2人份

原料

扇贝…4个

调料

甜辣酱…15克

食盐…3克

白胡椒粉…3克

柠檬汁…适量

食用油…8毫升

/做法/

1. 扇贝肉洗净放入碗中。
2. 碗中加入食盐、白胡椒粉，滴入少许柠檬汁，腌渍5分钟至其入味。
3. 把腌好的扇贝肉放到扇贝壳中。
4. 将扇贝放在烧烤架上，用中火烤3分钟至起泡。
5. 在扇贝上淋入适量食用油，用中火烤2分钟至散出香味。
6. 放入甜辣酱，用中火续烤1分钟至熟，将烤好的扇贝装盘即可。

小提示：一定要将扇贝肉烤熟再食用，以免感染上肝炎等疾病。

紫苏烤小扇贝

⏲ 10分钟　　✂ 2人份

原料

扇贝6个，紫苏10克，蒜蓉3克

调料

食盐3克，鸡粉、白胡椒粉各4克

/做法/

1. 扇贝洗净，把肉与壳分开，把扇贝肉放入清水中，取出内脏；将扇贝壳放入盘中，把扇贝肉放在扇贝壳上。
2. 将洗净的紫苏切末，装入碗中。
3. 在扇贝肉上撒上食盐、鸡粉、白胡椒粉，依次放上蒜蓉、紫苏末。
4. 将扇贝壳放到烧烤架上，用中火烤至扇贝肉熟，将烤好的扇贝装盘即成。

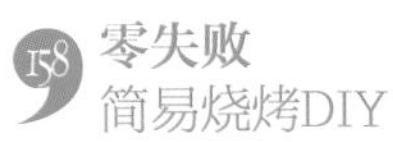

培根蒜蓉烧青口

20分钟 2人份

原料

青口（新鲜淡菜）7个，蒜蓉25克，培根末25克，莳萝草少许

调料

香麻油、食盐、鸡精、胡椒粉、烧烤汁各适量

/做法/

1. 青口去壳取肉，贝壳放一边备用，青口肉用水洗净。
2. 用鸡精、食盐、胡椒粉拌匀，腌渍青口肉约5分钟后，将青口肉放到贝壳中，再放到烤架上。
3. 烤约3分钟后，在青口肉上撒上培根末、蒜蓉，淋上香麻油烤香，淋上烧烤汁，烤约8分钟。
4. 再将莳萝草放到青口肉上，烤至散出香味，再烤大约半分钟，装盘即可。

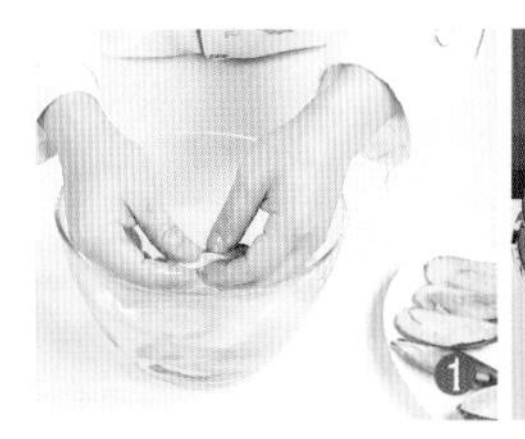

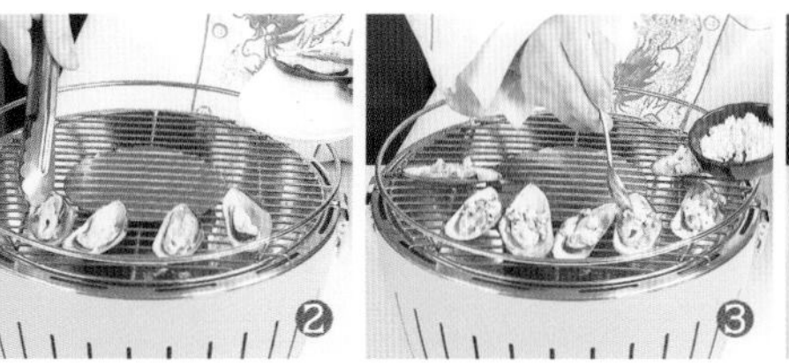

葡式烤青口

15分钟　2人份

原料

青口…6个

蛋黄…1个

调料

白醋…5毫升

食盐…3克

白胡椒粉…3克

鸡粉…3克

柠檬汁…适量

黄油…适量

橄榄油…适量

/做法/

1. 将蛋黄打入碗中，加入白醋、黄油，拌匀。
2. 再放入食盐、白胡椒粉、鸡粉，再加入适量白醋、橄榄油，制成葡式酱。
3. 用刀将洗净的青口打开，取出青口肉，装入碗中。
4. 在盛有青口肉的碗中加入食盐、白胡椒粉，挤入柠檬汁，拌匀，腌渍5分钟。
5. 将青口壳放到烤盘上，依次放入腌好的青口肉。
6. 再倒入适量葡式酱。
7. 将烤箱温度调成上、下火250℃。
8. 将烤盘放入烤箱中，烤8分钟至熟。
9. 取出烤盘，将烤好的青口装盘即可。

小提示：腌渍青口时可以加入适量料酒，这样口感更佳。

炭烤蛤蜊

5分钟　2人份

原料

蛤蜊200克

调料

烧烤粉5克，食盐3克，胡椒粉2克，食用油适量

/做法/

1. 用夹子把洗净的蛤蜊放到烧烤架上，用大火烤至蛤蜊开口。
2. 在蛤蜊肉上撒上适量食盐、烧烤粉、胡椒粉。
3. 再刷上适量食用油，烤3分钟至熟。
4. 将烤好的蛤蜊装入盘中即可。

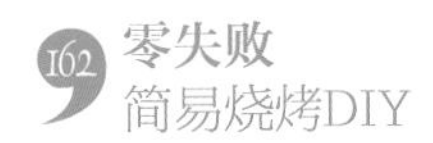

烤文蛤

🕓 19分钟　　✂ 2人份

原料

净文蛤300克，蒜末30克，葱花少许

调料

食盐2克，辣椒粉少许，食用油适量

/做法/

1. 把辣椒粉装入小碗中，加入蒜末、食盐、食用油拌匀，调成味汁。
2. 文蛤洗净，倒在烤盘上，摊开，用上、下火180℃，烤约10分钟。
3. 取出烤盘，刷上味汁，再续烤约5分钟，至食材入味。
4. 断电后打开箱门，取出烤盘，稍微冷却后将菜肴装在盘中，撒上葱花即可。

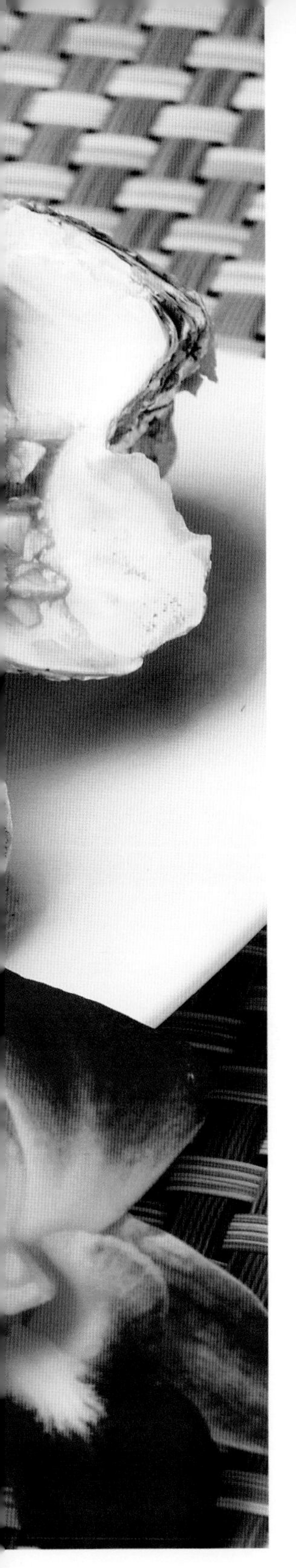

蒜蓉烤生蚝

30分钟　2人份

原料

净生蚝…3个

蒜蓉…20克

葱花…少许

调料

食盐…2克

鸡粉…少许

白胡椒粉…少许

食用油…适量

/做法/

1. 将洗净的生蚝放到烧烤架上，用中火烤至冒气。
2. 在生蚝上撒上适量食盐、白胡椒粉、鸡粉、蒜蓉，淋上食用油。
3. 再一次撒上食盐、鸡粉，用中火烤8分钟至生蚝壳里的汤汁冒泡。
4. 刷上少许食用油，烤约1分钟。
5. 在每个生蚝上撒上适量葱花。
6. 将烤好的生蚝装入盘中即可。

小提示： 烤制生蚝时，最好不要将蚝肉弄破，以免影响口感。

锡纸烤花甲

18分钟　　1人份

原料

花甲150克

调料

食盐3克，孜然粉、烧烤粉各5克，食用油适量

/做法/

1. 在烧烤架上铺一层锡纸，刷上适量食用油。
2. 放入洗净的花甲，用中火烤10分钟至花甲开口。
3. 在花甲上撒上适量食盐，刷上食用油后，再撒上烧烤粉、孜然粉。
4. 用大火续烤5分钟至熟，将烤好的花甲装入盘中即可。

香辣海鲜串

11分钟　2人份

原料

虾仁100克，扇贝50克，青口100克

调料

烧烤粉5克，食盐3克，白胡椒粉3克，柠檬汁少许，烧烤汁5毫升，食用油适量

/做法/

1. 青口、扇贝、虾仁均洗净倒入容器中，挤入柠檬汁，撒入食盐、白胡椒粉腌渍5分钟。
2. 将腌好的食材用竹签依次穿成串，放在刷过油的烧烤架上，用中火烤2分钟至变色。
3. 均匀地撒上烧烤粉、食盐，用中火烤2分钟至上色。
4. 均匀地刷上烧烤汁，略烤片刻至烧烤汁变干，将烤好的海鲜串装盘即可。

烤原汁鲍鱼

33分钟 2人份

原料

鲍鱼肉…200克

鲍鱼壳…5个

蒜蓉…10克

紫苏…3克

调料

食盐…少许

烧烤汁…8毫升

橄榄油…10毫升

烧烤粉…5克

白胡椒粉…适量

黑胡椒粉…适量

柠檬汁…适量

/做法/

1. 鲍鱼肉洗净切十字花刀；紫苏洗净切成碎末，装入碗中。
2. 将蒜蓉、紫苏、食盐、白胡椒粉、黑胡椒粉加入到盛有鲍鱼肉的碗中。
3. 再放入烧烤粉、烧烤汁、柠檬汁、橄榄油，搅拌均匀，腌渍20分钟。
4. 将腌渍好的鲍鱼肉放在洗净的鲍鱼壳中，备用。
5. 把鲍鱼放在烧烤架上，用大火烤5分钟至上色。
6. 将鲍鱼肉翻面，刷上适量烧烤汁、橄榄油，用大火烤5分钟。
7. 再次翻转鲍鱼肉，放入少许蒜蓉、紫苏末。
8. 浇上适量烧烤汁、橄榄油，继续烤1分钟至熟。
9. 将烤好的鲍鱼肉装入盘中即可。

小提示： 鲍鱼的水分较多，不宜烤制太久，烤至变色即可，以免失去其鲜嫩的口感。

香辣螺肉串

36分钟　　2人份

原料

田螺肉300克

调料

芝麻油10毫升，孜然粉适量，食盐3克，辣椒粉5克，烧烤粉3克，烧烤汁、辣椒油各5毫升

/做法/

1. 田螺肉洗净，加食盐、烧烤粉、辣椒粉、孜然粉、辣椒油、烧烤汁拌匀，腌渍约30分钟。
2. 用竹签将田螺肉依次穿成串，放在刷过芝麻油的烧烤架上，用大火烤2分钟至变色。
3. 一边翻转螺肉，一边刷芝麻油，撒上辣椒粉、孜然粉。
4. 将田螺肉翻面，用大火烤2分钟至熟，将烤好的田螺肉装盘即可。

第5章

香醇蔬果菌豆篇

说到烧烤，脑海中首先浮现出的是美味的牛排、鸡排、鱼排，或是新鲜的各式扇贝，最多再烤上几个辣椒。但健康、营养的膳食中怎能没有蔬果、菌豆这些重要角色呢！蔬果也罢，菌豆也好，品种繁多，营养价值也各有千秋。蔬果不仅是低盐、低脂的健康食物，同时还能有效地减轻环境污染对人体的损害，小小的蔬果，大大的功效。而菌豆中含有丰富的蛋白质和氨基酸，其含量是一般蔬菜和水果的几倍，甚至几十倍，小小的菌豆，大大的功用。

串烧蔬菜

4分钟　2人份

原料

彩椒…60克

杏鲍菇…20克

荷兰豆…15克

调料

食盐…3克

烧烤粉…5克

孜然粉…5克

烧烤汁…10毫升

食用油…适量

/做法/

1. 杏鲍菇洗净，切成细长条。
2. 荷兰豆洗净，去除老筋。
3. 彩椒洗净，切成细长条。
4. 用竹签把切好的食材依次穿成串。
5. 在烧烤架上刷上适量食用油，将穿好的烤串放到烧烤架上。
6. 在烤串的两面分别刷上少许食用油。
7. 撒上适量烧烤粉、食盐、孜然粉，再刷上少许烧烤汁。
8. 将烤串翻面，再次撒上烧烤粉、食盐、孜然粉，刷上烧烤汁、食用油。
9. 用中火烤2分钟后，将烤好的烤串装入盘中即可。

小提示： 可以将食材焯煮半分钟后再烤，这样口感会更好。

烤蔬菜卷

26分钟　　2人份

原料

小葱25克，香菜30克，豆皮170克，生菜160克

调料

食盐2克，生抽5毫升，辣椒粉15克，泰式辣椒酱25克，孜然粉5克，食用油适量

/做法/

1. 豆皮洗净切成正方形；生菜洗净切成丝；香菜、小葱洗净切成段。
2. 取一碗，加入泰式辣椒酱、辣椒粉、孜然粉、食盐、生抽、食用油拌匀，制成调味酱。
3. 在豆皮上刷上一层调味酱，放上小葱段、香菜丝、生菜丝卷成卷，依次穿在竹签上。
4. 将豆皮两面分别刷上调味酱，放在烤盘中，以上、下火150℃烤20分钟至熟，取出装盘即可。

香烤蒜薹

7分钟　2人份

原料

蒜薹100克

调料

烧烤粉、孜然粉各5克，食盐3克，食用油适量

/做法/

1. 蒜薹洗净切长段，用竹签将蒜薹段穿成串。
2. 在烧烤架上刷食用油，放上蒜薹串，用中火烤2分钟。
3. 在蒜薹串两面均匀地刷上食用油，用中火烤2分钟至变色。
4. 撒上烧烤粉、食盐、孜然粉，用中火烤1分钟至熟，将烤好的蒜薹串装盘即可。

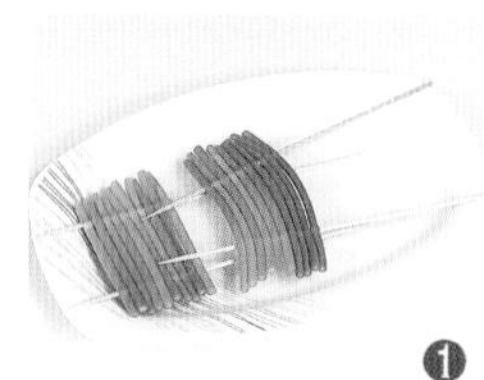

❶

❷

❸

❹

芝士五彩烤南瓜盅

⏱ 10分钟　🍴 3人份

原料

南瓜盅…1个

酱豆干粒…少许

胡萝卜粒…少许

圆椒粒…少许

彩椒粒…少许

心里美萝卜粒…少许

调料

食盐…3克

鸡粉…2克

芝士粉…适量

黄油…适量

/做法/

1. 炒锅置火上，倒入黄油，放入酱豆干粒、胡萝卜粒、心里美萝卜粒、彩椒粒、圆椒粒炒匀。
2. 将食盐、鸡粉加入锅中，调味，炒1分钟至食材入味，装入碗中。
3. 将炒好的食材倒入备好的南瓜盅内。
4. 撒入适量芝士粉，备用。
5. 将南瓜盅放入烤盘。
6. 将烤箱温度调成上、下火220℃。
7. 把烤盘放入烤箱中，烤8分钟至熟。
8. 从烤箱中取出烤盘。
9. 将南瓜盅放在盘中即可。

小提示：南瓜最好不要去皮，这样烤完后才能保持其硬度，而且不易变形。

烤南瓜

25分钟 2人份

原料

南瓜…200克

调料

玉桂粉…3克

黄油…50克

食盐…2克

食用油…适量

/做法/

1. 南瓜洗净，切成扇形，去瓤，装入碗中。
2. 在切好的南瓜上均匀地抹上少许食盐。
3. 将熔化的黄油倒入盛有南瓜的碗中，加入玉桂粉，抹匀，腌渍至入味。
4. 在铺有锡纸的烤盘上刷上食用油，放上南瓜。
5. 将烤箱温度设定为上、下火250℃，放入烤盘，烤20分钟至熟。
6. 取出烤盘，将烤好的南瓜装盘即可。

小提示：南瓜皮也含有丰富的营养成分，所以烤制时可以不用切掉。

烤白萝卜串

4分钟　2人份

原料

白萝卜300克

调料

食盐少许，烧烤汁5毫升，食用油适量

/做法/

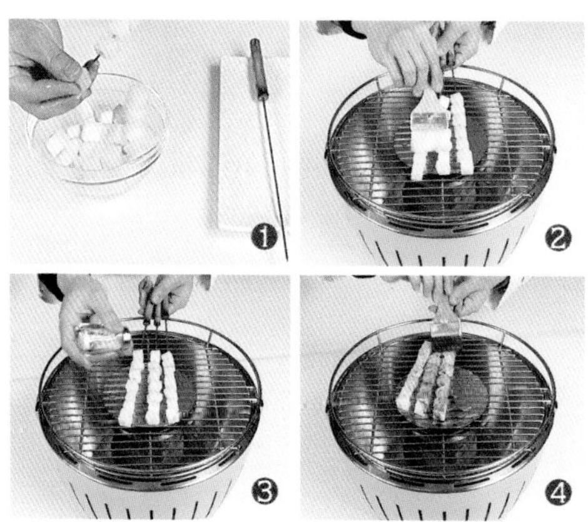

1. 白萝卜去皮洗净切成小方块，用烧烤针将白萝卜块穿成串。
2. 在烧烤架上刷食用油后，放上白萝卜串，刷上食用油，用中火烤1分钟至上色。
3. 均匀地撒上食盐，略烤至入味。
4. 翻转白萝卜串后刷上烧烤汁，用中火烤1分钟至熟，将烤好的白萝卜串装盘即可。

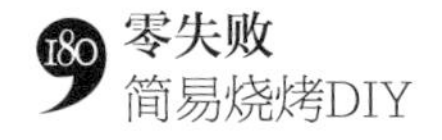

烤山药

13分钟　2人份

原料

山药150克

调料

烧烤粉、孜然粉各5克，食盐2克，食用油适量

/做法/

1. 山药去皮洗净，用烧烤针穿成串。
2. 在烧烤架上刷食用油，放上山药串，用小火烤5分钟至山药一面变色。
3. 翻转山药串，刷上食用油，用小火烤5分钟至山药全部变色。
4. 将山药串翻面后，撒上烧烤粉、食盐、孜然粉，续烤1分钟至熟后，装盘即可。

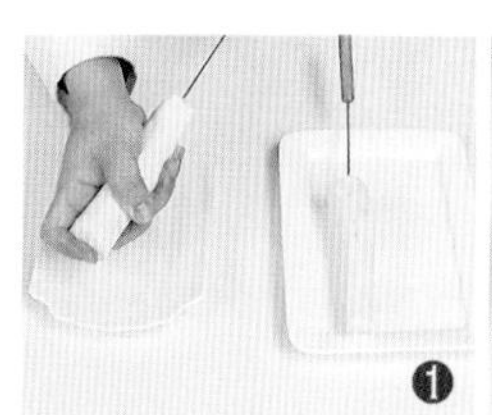

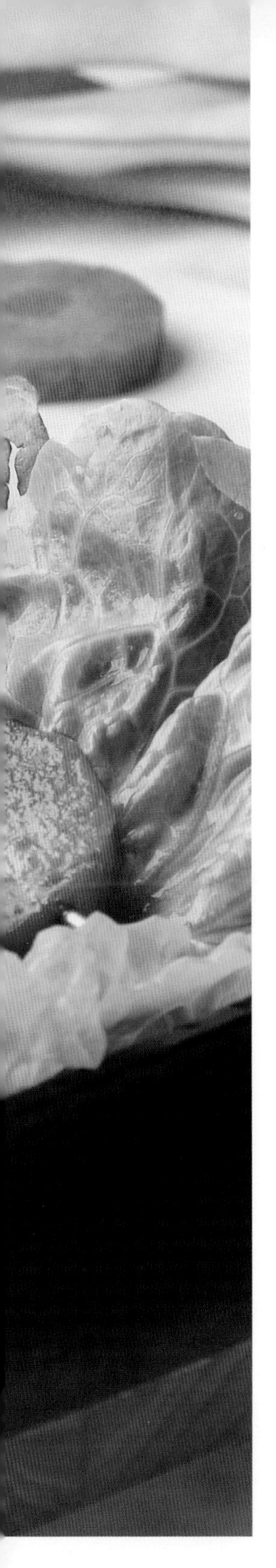

烤胡萝卜马蹄

9分钟　2人份

原料

马蹄肉…100克

胡萝卜片…100克

调料

食盐…少许

烧烤粉…5克

食用油…适量

/做法/

1. 将准备好的胡萝卜片、马蹄肉交错地穿到烧烤针上。
2. 将穿好的烤串放在烧烤架上，两面均匀地刷上食用油，用中火烤3分钟至变色。
3. 翻转烤串，撒上适量食盐、烧烤粉。
4. 再次翻面，撒上食盐、烧烤粉，将没有烤过的一面用中火烤3分钟至变色。
5. 再刷上食用油后，继续烤1分钟。
6. 把烤好的食材装入盘中即可。

小提示： 烤至胡萝卜变软时即可取下食用，此时胡萝卜口感最佳。

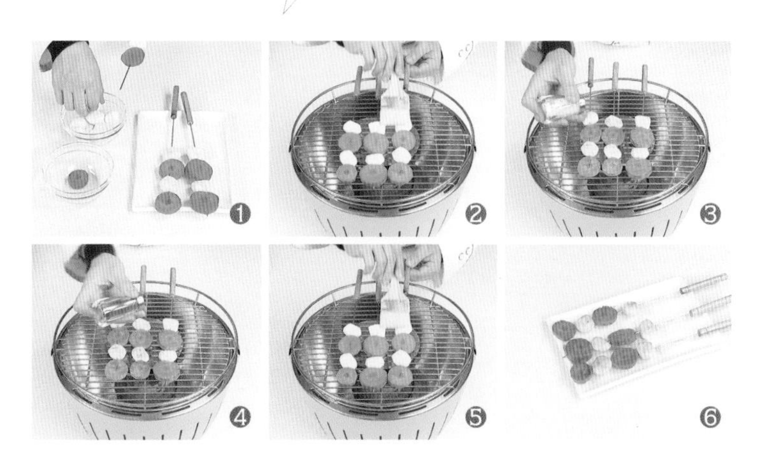

烤尖椒

6分钟　　2人份

原料

红尖椒、青尖椒各3个

调料

食盐3克，孜然粉、烧烤粉各5克，烧烤汁10毫升，食用油适量

/做法/

1. 用竹签将洗净的尖椒依次穿成串，放在刷过油的烧烤架上，在尖椒上刷食用油，用中火烤2分钟。
2. 将烤串翻面，刷上食用油，撒上食盐、烧烤粉、孜然粉，刷上烧烤汁，用中火烤2分钟。
3. 翻转烤串后，刷上食用油、烧烤汁，撒上烧烤粉、食盐、孜然粉，烤约1分钟。
4. 将烤好的尖椒串装入盘中，取出竹签，摆好即可。

炭烤云南小瓜

10分钟　3人份

原料

云南小瓜550克

调料

烧烤粉8克，食盐3克，孜然粉、食用油各适量

/做法/

1. 云南小瓜洗净切片装碗，加入食盐、烧烤粉、孜然粉、食用油，拌匀。
2. 在烧烤架上刷食用油，放上拌好的云南小瓜，用大火烤2分钟至上色。
3. 翻转云南小瓜，刷上食用油后，续烤3分钟至熟。
4. 将烤熟的云南小瓜装入盘中即可。

❶

❷

❸

❹

串烤莲藕片

◷ 4分钟　✂ 1人份

原料

莲藕…250克

调料

食盐…2克

孜然粉…5克

烧烤粉…5克

辣椒粉…5克

食用油…适量

/做法/

1. 将洗净去皮的莲藕切成片，装入盘中，待用。
2. 用烧烤针将莲藕片穿成串，备用。
3. 在烧烤架上刷适量食用油。
4. 将莲藕串放到烧烤架上。
5. 在莲藕串上刷适量食用油。
6. 撒上适量食盐、烧烤粉、辣椒粉、孜然粉。
7. 翻转莲藕串后，撒上食盐、烧烤粉、辣椒粉、孜然粉，用中火烤1分钟。
8. 再次翻面，在没有调料的地方撒上调料，烤1分钟。
9. 将烤好的莲藕串装入盘中即可。

小提示: 烤制过程中可以在莲藕上淋上适量老抽，这样可以使其品相更佳。

烤圣女果

5分钟　　2人份

原料

圣女果200克

调料

食盐、孜然粉各3克，烧烤粉5克，食用油适量

/做法/

1. 在烧烤架上刷适量食用油，放上洗净的圣女果，用中火烤至圣女果的皮裂开。
2. 将圣女果刷上食用油后，翻面，烤约2分钟。
3. 再均匀地撒上食盐、烧烤粉、孜然粉。
4. 再次将圣女果翻面，烤约1分钟至熟，将烤好的圣女果装盘即可。

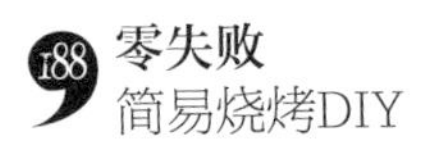

炭烤香菜

4分钟　2人份

原料

香菜100克

调料

烧烤粉、孜然粉各5克，食盐3克，食用油适量

/做法/

1. 香菜洗净用竹签穿成串。
2. 在烧烤架上刷适量食用油，放上香菜串，两面都刷上食用油，用中火烤2分钟至变色。
3. 撒上适量食盐、烧烤粉、孜然粉。
4. 翻转烤串，撒上孜然粉、食盐、烧烤粉，用中火烤1分钟至熟透，装盘即可。

串烧双花

8分钟　　2人份

原料

西蓝花…100克

白菜花…100克

调料

烧烤粉…5克

孜然粉…5克

辣椒粉…3克

食盐…2克

/做法/

1. 白菜花、西蓝花均洗净切小朵。
2. 用竹签将西蓝花、白菜花依次穿成串。
3. 在烧烤架上刷适量食用油。
4. 将烤串放到烧烤架上后，刷上适量食用油，用中火烤3分钟至变色。
5. 在烤串上撒上适量食盐、辣椒粉、烧烤粉、孜然粉，翻转烤串，烤3分钟至熟。
6. 将烤好的烤串装入盘中即可。

小提示： 将西蓝花焯一下水再烤，这样可以增加其色泽及口感。

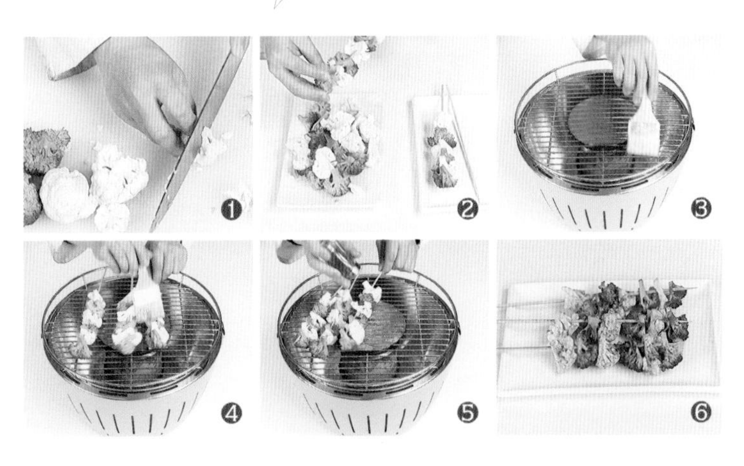

炭烤黄瓜片

7分钟　2人份

原料

黄瓜200克

调料

食盐2克，烧烤粉5克，辣椒粉5克，食用油8毫升

/做法/

1. 黄瓜洗净切成1.5厘米厚的片，用竹签将黄瓜片穿成串。
2. 烧烤架上刷食用油，放上黄瓜串，用中火烤2分钟至上色。
3. 黄瓜串刷上食用油，撒上食盐、烧烤粉、辣椒粉。
4. 将烤串翻面，刷上食用油，撒上食盐、烧烤粉、辣椒粉，用小火烤3分钟至熟后，装盘即可。

烤上海青

5分钟　1人份

原料

上海青150克

调料

烧烤粉、孜然粉各5克，食盐3克，食用油适量

/做法/

1. 将上海青的叶子修整齐，用竹签将上海青穿成串后放在烧烤架上。
2. 将烤串两面分别刷上食用油，用中火烤2分钟至变色。
3. 撒上食盐、烧烤粉、孜然粉。
4. 翻转烤串，撒上食盐、烧烤粉、孜然粉，用中火烤1分钟至熟，将上海青装盘即可。

炭烤茄片

⏲ 10分钟　✂ 2人份

原料

茄子…200克

调料

烧烤粉…10克

食盐…2克

孜然粉…适量

食用油…适量

/做法/

1. 将茄子洗净，切成1.5厘米厚的片。
2. 将茄片装入碗中，边撒孜然粉，边用筷子搅拌。
3. 再将食盐撒入碗中，搅拌均匀。
4. 撒入烧烤粉，再次用筷子搅拌均匀。
5. 将适量的食用油倒入碗中，搅匀。
6. 在烧烤架上刷上适量食用油。
7. 放上拌好的茄片，用大火烤约2分钟。
8. 将茄片翻面，用大火续烤约2分钟。
9. 在茄片两面分别刷上食用油，再烤约1分钟至熟，将烤好的茄片装入盘中即可。

小提示：一定要将撒入的调料搅匀，并让其充分地裹在茄子上，这样能更入味。

蒜蓉茄子

20分钟　2人份

原料

茄子2个，蒜蓉30克，葱花少许

调料

鸡粉、食盐各3克，孜然粉4克，食用油适量

/做法/

1. 茄子洗净放在烧烤架上，用中火以旋转的方式烤10分钟至茄子熟软。
2. 用夹子夹住茄子，再用小刀将茄子划开， 切开茄柄，但不切断。
3. 在切开的茄子肉上划几刀，撒上食盐、鸡粉，倒入蒜蓉，淋上食用油，用中火烤8分钟。
4. 将食盐、孜然粉撒到茄子上，刷上食用油，烤2分钟，撒上葱花，装入盘中即可。

香辣烤茄子

11分钟　2人份

原料

茄子200克，蒜末、红椒末、葱末、葱花各少许

调料

食盐、鸡粉各2克，生粉4克，料酒2毫升，食用油、黄豆酱、辣椒酱各适量

/做法/

1. 茄子洗净切条。
2. 取一个玻璃碗，倒入蒜末、红椒末、葱末、辣椒酱、黄豆酱拌匀。
3. 加入食盐、鸡粉、料酒、生粉、食用油拌匀，制成酱料，均匀地抹在茄子上。
4. 放入烤箱，以上、下火170℃烤10分钟至熟，取出撒上葱花即可。

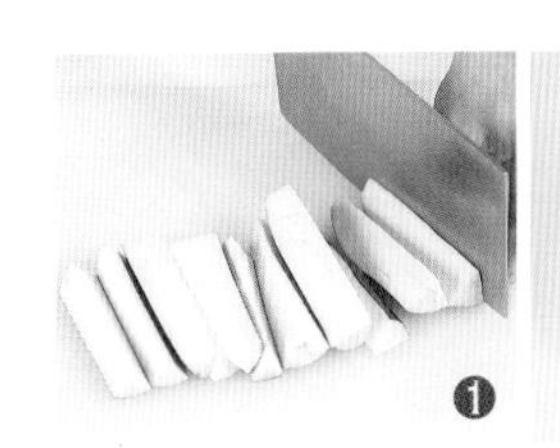

烤心里美萝卜

10分钟　　2人份

原料

心里美萝卜…200克

调料

烧烤粉…5克
食盐…适量
食用油…适量

/做法/

1. 心里美萝卜洗净切薄片，用烧烤针将切好的心里美萝卜片呈波浪形穿成串。
2. 在烧烤架上刷适量食用油，放上心里美萝卜串。
3. 在烤串两面均匀地刷上适量食用油，用中火烤1分钟至变色。
4. 将烤串翻面，撒上适量食盐，用中火烤1分钟。
5. 再撒上适量烧烤粉，用小火烤约1分钟至熟。
6. 将烤好的心里美萝卜串装盘即可。

小提示： 可以先把心里美萝卜放在盐水中腌渍，一定要腌够时间，否则水分没有完全排出，萝卜不脆，口味也不佳。

烤双色甘蓝

5分钟　　2人份

原料

紫甘蓝100克，包菜200克

调料

食盐2克，烧烤粉5克，辣椒粉5克，食用油适量

/做法/

1. 包菜、紫甘蓝均洗净切2厘米见方的小块，用竹签将切好的包菜与紫甘蓝依次穿成串。
2. 在烧烤架上刷食用油，放上烤串，均匀地刷上食用油，用中火烤1分钟至变色。
3. 翻转烤串，撒上食盐、烧烤粉、辣椒粉。
4. 再次将烤串翻面，用中火烤1分钟至熟，将烤好的食材装入盘中即可。

香烤四季豆

6分钟　　1人份

原料

四季豆100克

调料

食盐3克，烧烤粉、孜然粉、辣椒粉各5克，食用油适量

/做法/

1. 四季豆洗净切长段，用牙签穿成串。
2. 在烧烤架上刷食用油，放上四季豆串，两面均刷上食用油，用中火烤2分钟至变色。
3. 将烤串翻面，撒上辣椒粉、食盐、孜然粉，用中火烤2分钟至入味。
4. 翻转烤串后，撒上食盐、孜然粉、辣椒粉、烧烤粉，用小火烤1分钟至熟，将烤好的四季豆装盘即可。

孜然烤洋葱

16分钟　　2人份

原料

洋葱…150克

调料

孜然粉…10克

烧烤粉…5克

食盐…2克

烧烤汁…5毫升

食用油…10毫升

/做法/

1. 将去皮的洋葱对半切开，去除外面较老的部分。
2. 烧烤架上刷上适量食用油。
3. 将洋葱切口朝下放到烧烤架上，用中火烤约5分钟至散出香味。
4. 将洋葱翻面，刷上烧烤汁、食用油。
5. 撒上适量孜然粉、食盐、烧烤粉，烤约5分钟至入味。
6. 用烧烤夹将洋葱稍微转一下，再烤1分钟。
7. 翻转洋葱，刷上烧烤汁。
8. 撒上食盐、孜然粉、烧烤粉，烤约2分钟。
9. 再次将洋葱翻面，烤约2分钟至熟，将烤好的洋葱装入盘中即可。

小提示： 最好不要将洋葱的根全部切掉，以免烤制时洋葱散掉。

烤韭菜

🕓 4分钟　✂ 2人份

原料

韭菜200克

调料

食盐3克，辣椒粉、烧烤粉、孜然粉各5克，食用油适量

/做法/

1. 韭菜洗净，用竹签穿成串，用剪刀将韭菜根部和叶子剪整齐。
2. 烧烤架上刷适量食用油。
3. 把韭菜放到烧烤架上，两面均匀地刷上食用油，用中火烤2分钟至变色。
4. 在韭菜两面撒上食盐、孜然粉、辣椒粉、烧烤粉，用中火烤1分钟至熟，装盘即可。

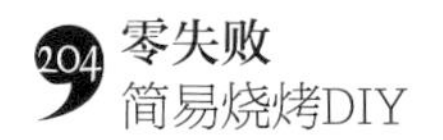

香烤芸豆

9分钟　2人份

原料

芸豆100克

调料

食盐少许，烧烤粉、孜然粉各5克，食用油8毫升

/做法/

1. 烧烤架上刷食用油，放上去除老筋的芸豆，用中火烤3分钟至其变色。
2. 将芸豆翻面，刷上食用油，用中火烤3分钟至其上色后，撒上食盐、烧烤粉、孜然粉。
3. 再次翻转芸豆后，撒上食盐、烧烤粉、孜然粉，用中火烤1分钟。
4. 翻转几次至其烤熟，将烤好的芸豆装入盘中即可。

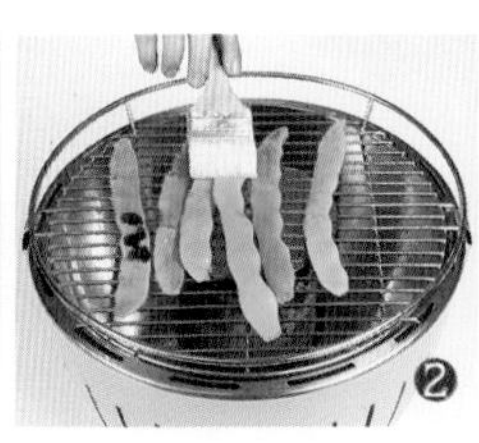

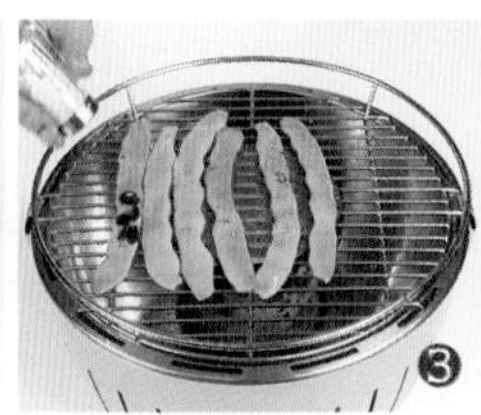

黑胡椒土豆片

14分钟　　2人份

原料

带皮土豆…200克

调料

橄榄油…10毫升

食盐…3克

烧烤粉…5克

黑胡椒碎…适量

食用油…适量

/做法/

1. 土豆洗净切片，装入碗中。
2. 碗中加食盐、烧烤粉、黑胡椒碎抹匀，倒入橄榄油，腌渍至入味。
3. 烧烤架上刷适量食用油，放上腌好的土豆片，用中火烤3分钟至变色。
4. 将土豆翻面，刷上适量食用油，用中火烤3分钟至其呈金黄色。
5. 再次翻转土豆片，用中火烤3分钟至水分蒸发掉。
6. 将烤好的土豆片装入盘中即可。

小提示：烤制的时候土豆可以不用去皮，这样烤出来更有味道。

烤土豆仔

5分钟　　2人份

原料

土豆仔200克

/做法/

1. 土豆仔洗净放在烧烤架上，用中火烤2分钟至其变色。
2. 将土豆翻面，用中火续烤2分钟至变色。
3. 旋转土豆串，烤1分钟至熟。
4. 将烤好的土豆装入盘中即可。

蒜蓉烤菠菜

◷ 13分钟　✕ 1人份

原料

菠菜100克，蒜蓉少许

调料

烧烤粉、孜然粉各5克，食盐3克，食用油适量

/做法/

1. 菠菜洗净，撒上食盐，放入蒜蓉抹匀，倒入食用油，腌渍10分钟至入味。
2. 烧烤架上刷食用油，放上菠菜，用中火烤1分钟至变色。
3. 在菠菜两面分别撒上烧烤粉、孜然粉，用中火续烤1分钟至熟。
4. 将烤好的菠菜装入盘中即可。

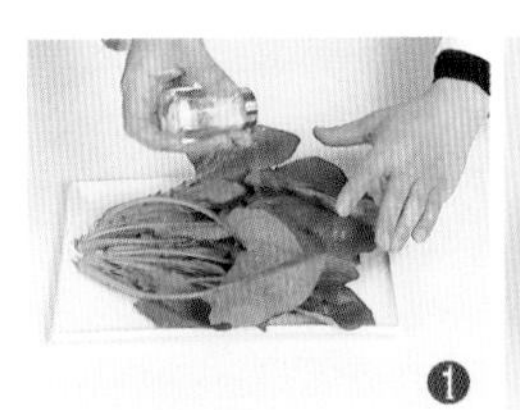

❶

❷

❸

❹

蜜汁烤紫薯

7分钟　3人份

原料

紫薯…500克

调料

蜂蜜…8毫升

食盐…少许

食用油…适量

/做法/

1. 紫薯洗净去皮，再切成厚片，装入盘中，待用。
2. 烧烤架上刷适量食用油，将紫薯片放到烧烤架上，用中火烤2分钟至变色。
3. 紫薯片上刷上适量食用油、蜂蜜。
4. 将紫薯片翻面，刷上食用油、蜂蜜，用中火烤2分钟。
5. 紫薯两面均匀地撒上食盐，刷上蜂蜜，续烤1分钟至熟。
6. 将烤好的紫薯片装入盘中即可。

小提示： 烤制时可以用小刀在紫薯上戳几个小孔，这样更易熟透。

玉桂烤薯串

6分钟　2人份

原料

紫薯、红薯各150克

调料

玉桂粉3克，食盐2克，熔化的黄油5克

/做法/

1. 紫薯、红薯均洗净去皮切小方块，用烧烤针将红薯、紫薯依次穿成串。
2. 将烤串放到烧烤架上，刷上熔化了的黄油，用中火烤2分钟至上色。
3. 旋转烤串，撒上玉桂粉、食盐，用中火烤2分钟至上色。
4. 翻转烤串，用中火烤1分钟至熟，刷上黄油，撒上玉桂粉后，装盘即可。

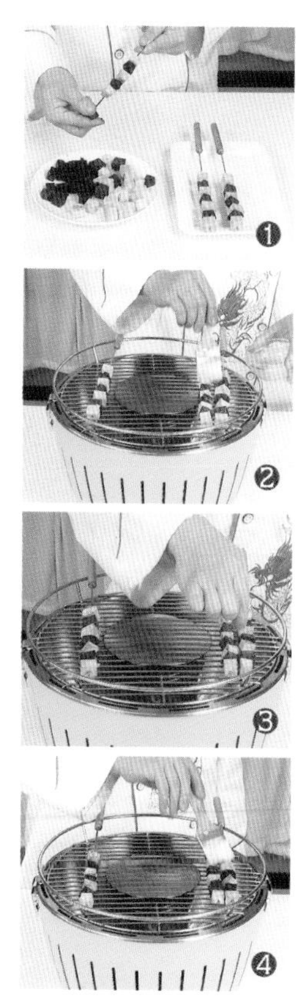

黄油烤玉米笋

⏲ 7分钟　✕ 2人份

原料

玉米笋150克

调料

食盐3克，黄油10克，食用油适量

/做法/

1. 烧烤架上刷食用油，放上玉米笋，刷少量食用油，用中火烤约2分钟。
2. 再次刷食用油，将玉米笋翻面，把黄油放在玉米笋上，待黄油熔化后抹匀。
3. 撒上食盐，用中火烤约2分钟。
4. 翻转玉米笋，并抹上少许黄油，将烤好的玉米笋装入盘中即可。

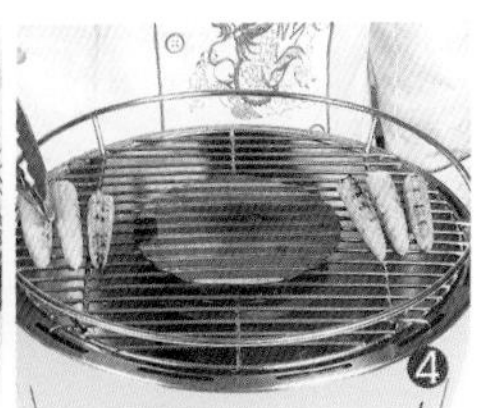

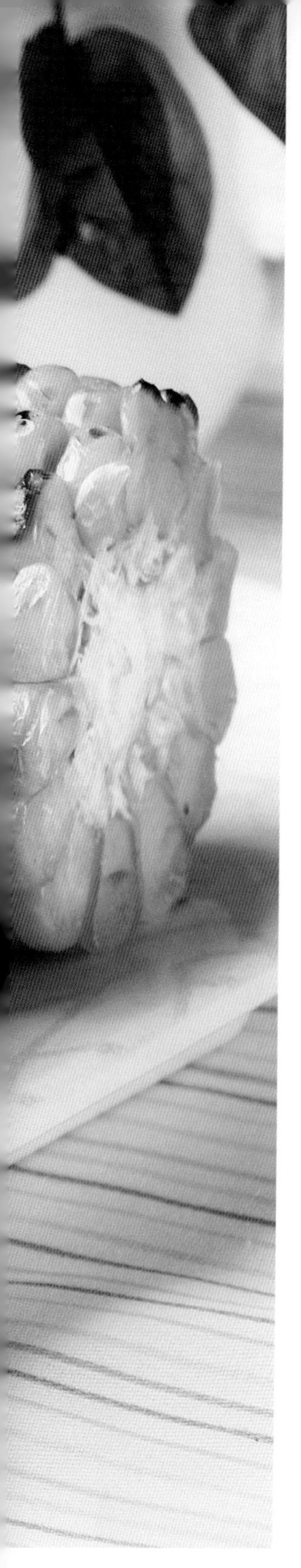

蜜汁烤玉米

10分钟　2人份

原料

玉米…2根

调料

蜂蜜…10克

食用油…适量

/做法/

1. 烧烤架上刷适量食用油。
2. 将洗净的玉米放到烧烤架上。
3. 刷上少许食用油，用中火烤约2分钟至变色。
4. 每隔1分钟翻转一次玉米，并刷上适量食用油、蜂蜜。
5. 烤至玉米熟透，把烤好的玉米装入盘中。
6. 再将烤好的玉米切成小段，装入盘中即可食用。

小提示：因为玉米本身有一定的甜味，因此蜂蜜可以不用刷太多，以免味道过于甜腻。

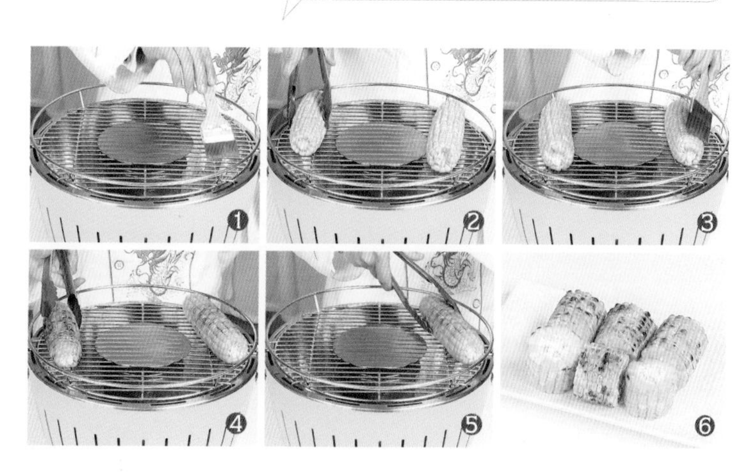

蜜汁烤菠萝

13分钟　　3人份

原料

菠萝500克

调料

蜂蜜20克，食用油少许

/做法/

1. 菠萝去皮洗净切薄片。
2. 烧烤架上刷食用油，放上切好的菠萝片，用中火烤约5分钟至上色。
3. 在菠萝片表面均匀地刷上蜂蜜，翻面，再刷上蜂蜜，用中火烤约5分钟至上色。
4. 再将菠萝片翻面，刷上蜂蜜，烤约1分钟，把烤好的菠萝片装入盘中即可。

蜜汁烤木瓜

10分钟　3人份

原料

木瓜1个

调料

蜂蜜、食用油各适量

/做法/

1. 木瓜洗净去尾部，去皮，切块，将木瓜块用竹签穿成串。
2. 烧烤架上刷适量食用油，放上木瓜串放在烧烤架上，用小火烤4分钟。
3. 在木瓜串两面刷上食用油，用小火烤4分钟至变色。
4. 两面均匀地刷上蜂蜜，用小火烤1分钟至熟，将烤好的木瓜串装盘即可。

❶

❷

❸

❹

烤水果串

4分钟　　3人份

原料

火龙果…200克

苹果…1个

奇异果…2个

圣女果…100克

调料

蜂蜜…适量

食用油…适量

/做法/

1. 火龙果去皮，切开，再切条，改切成小块。
2. 苹果去皮，切成小块。
3. 奇异果切开，去皮，再切成小块，备用。
4. 取一只竹签，将圣女果、火龙果、奇异果、苹果依次穿成串，备用。
5. 烧烤架上刷适量食用油。
6. 把水果串放到烧烤架上，一边翻转，一边刷蜂蜜，用中火烤1分钟至变色。
7. 在水果串上刷适量蜂蜜。
8. 翻转水果串，刷上适量蜂蜜，用中火烤1分钟至散出蜂蜜的香味。
9. 将烤好的水果串装入盘中即可。

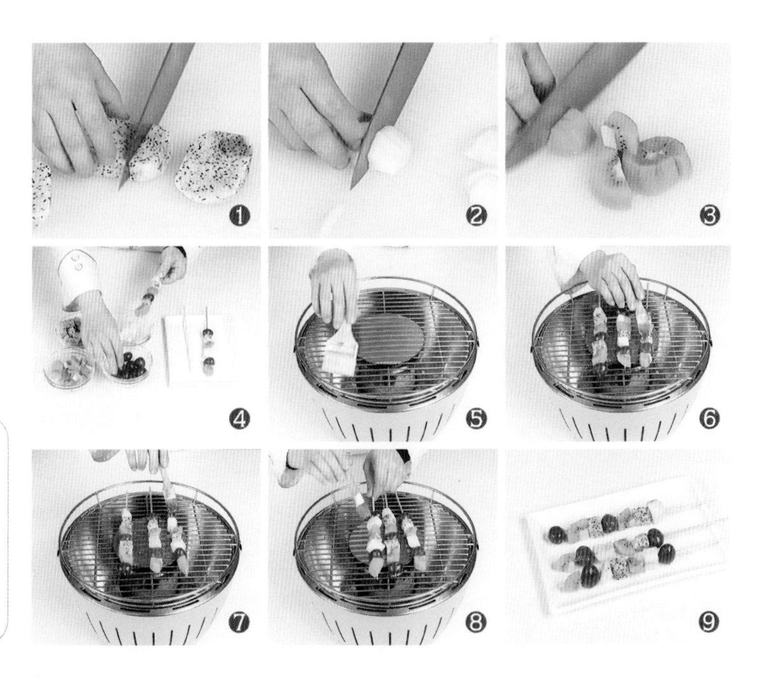

小提示：先将切好的水果放入淡盐水中略焯一下，这样烤制时更易入味。

蜜汁烤苹果圈

10分钟　3人份

原料

苹果500克

调料

蜂蜜20克，食用油少许

/做法/

1. 苹果洗净切薄片，用模具去除苹果核，做成苹果圈。
2. 烧烤架上刷食用油，放上苹果圈，用中火烤3分钟至上色。
3. 将苹果圈翻面，刷上蜂蜜，用中火烤3分钟至上色。
4. 再次翻转苹果圈，刷上蜂蜜，烤1分钟，将烤好的苹果圈装入盘中即可。

烤金针菇

17分钟　2人份

原料

金针菇100克，蒜末、葱花各少许

调料

食盐2克，孜然粉5克，生抽5毫升，蚝油、食用油各适量

/做法/

1. 金针菇洗净去根部，将其掰散。
2. 取一空碗，放入金针菇、葱花、蒜末，加入食盐、生抽、蚝油、食用油、孜然粉拌匀。
3. 烤盘中铺上锡纸，刷上食用油，放上金针菇，铺匀。
4. 以上、下火150℃烤15分钟至食材熟透，取出烤好的金针菇，装盘即可。

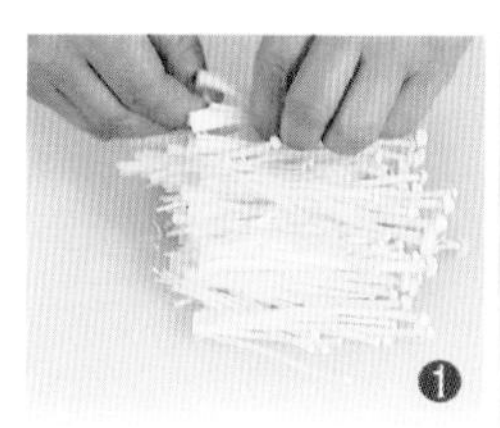

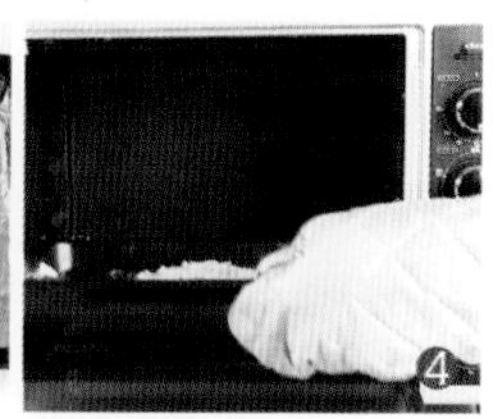

豆皮金针菇卷

⏱ 10分钟　✕ 2人份

原料

豆皮…50克

金针菇…100克

彩椒丝…20克

调料

烧烤粉…5克

孜然粉…5克

食盐…少许

食用油…适量

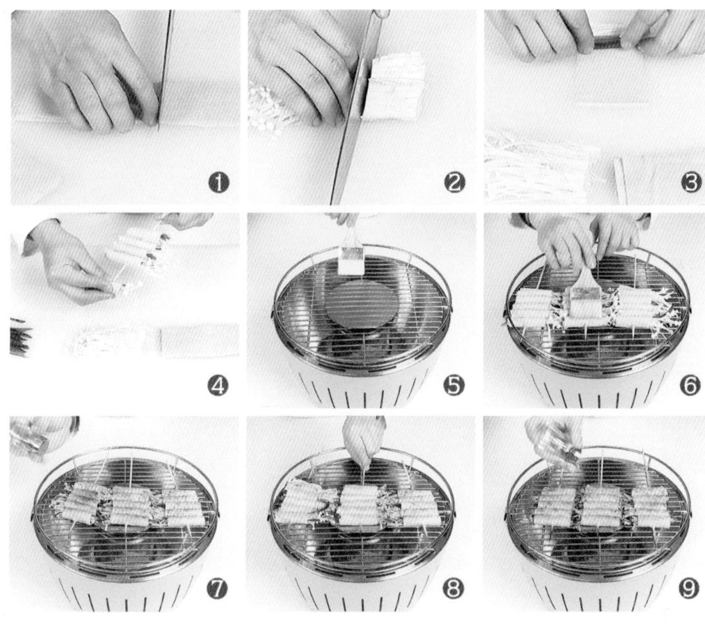

/做法/

1. 将洗净的豆皮切成长约10厘米、宽约3厘米的条。
2. 洗净的金针菇切去根部。
3. 将豆皮平铺在砧板上，在豆皮一端，放入金针菇、彩椒丝。
4. 慢慢地卷起，并用竹签穿好，将剩余的豆皮、金针菇、彩椒丝依次穿好。
5. 烧烤架上刷适量食用油。
6. 将豆皮金针菇卷放到烧烤架上，均匀地刷上食用油，用小火烤3分钟至变色。
7. 将适量的烧烤粉、食盐、孜然粉撒到金针菇上。
8. 将烤串翻面，撒上适量烧烤粉、食盐、孜然粉，用小火烤3分钟至上色。
9. 再次翻转烤串，撒上烧烤粉，用小火烤1分钟至熟即可。

小提示: 金针菇一定要烤熟透后再食用，否则容易引起身体不适。

蒜香烤口蘑

15分钟　2人份

原料

口蘑200克，蒜蓉10克

调料

食盐、烧烤粉、辣椒粉、芝麻油、胡椒粉、孜然粉、食用油各适量

/做法/

1. 口蘑洗净切块，加入蒜蓉、食盐、烧烤粉、辣椒粉、孜然粉、胡椒粉、芝麻油拌匀，腌渍入味。
2. 将腌渍好的口蘑依次穿到烧烤针上，把口蘑放到烤架上，烤约5分钟。
3. 口蘑上刷上食用油，烤出香味。
4. 将口蘑翻面，再烤约5分钟至熟，将烤好的口蘑装盘即可。

串烤香菇

15分钟　2人份

原料

香菇200克

调料

烧烤粉5克，食盐3克，芝麻油15毫升，孜然粉适量

/做法/

1. 香菇洗净，去蒂，切上十字花刀，装入碗中。
2. 将烧烤粉、食盐、孜然粉、食用油放入盛有香菇的碗中，搅拌均匀，腌渍10分钟。
3. 用竹签将腌渍好的香菇穿成串，放到烧烤架上，用大火烤2分钟至变色。
4. 将香菇串翻面，用大火续烤2分钟至熟，将烤好的香菇放入盘中即可。

烤杏鲍菇

10分钟　　1人份

原料

杏鲍菇…100克

调料

食盐…2克

烧烤粉…5克

孜然粉…5克

食用油…适量

/做法/

1. 杏鲍菇洗净，切2厘米厚的片。
2. 用竹签将切好的杏鲍菇穿成串。
3. 烧烤架上刷食用油，放上杏鲍菇串，用中火烤3分钟至变色。
4. 杏鲍菇串上刷上食用油，撒上烧烤粉、食盐、孜然粉，用中火烤3分钟。
5. 将烤串翻面，刷上食用油，撒上烧烤粉、食盐、孜然粉，烤1分钟。
6. 翻转烤串，续烤1分钟至熟，装盘中即可。

小提示：烤制前可以先在杏鲍菇表面划出网状纹后再切片，这样更容易入味。

烤兰花豆腐干

37分钟　　1人份

原料

兰花豆腐干2块

调料

食盐2克，烧烤粉、辣椒粉各5克，孜然粉少许，食用油适量

/做法/

1. 将豆腐干用35℃清水浸泡30分钟后，用竹签将其穿成串。
2. 烧烤架上刷适量食用油，把兰花豆腐干放在烧烤架上，用小火烤2分钟。
3. 将烤串翻面，用小火再烤3分钟至变色。
4. 豆腐干两面分别撒上烧烤粉、辣椒粉、孜然粉、食盐，不断翻转，烤1分钟至熟，装盘即可。

香辣烤豆腐干

9分钟　2人份

原料

豆腐干250克

调料

食盐3克，孜然粉、辣椒粉各10克，烧烤汁10毫升，烧烤粉5克，食用油适量

/做法/

1. 用竹签将洗净的豆腐干穿成串后，放到刷过食用油的烧烤架上，烤3分钟。
2. 豆腐串上撒上食盐、孜然粉、烧烤粉，刷上烧烤汁，烤2分钟至上色。
3. 将豆腐串翻面，撒上食盐、烧烤粉，刷上食用油，再撒上烧烤粉，刷上烧烤汁，烤至上色。
4. 在豆腐串两面分别撒上辣椒粉，烤半分钟至熟，将烤好的豆腐串装入盘中即可。

烤油三角

◷ 6分钟　　✂ 2人份

原料

油三角…100克

调料

烧烤汁…5毫升

食盐…2克

烧烤粉…5克

辣椒粉…5克

孜然粉…少许

食用油…适量

/做法/

1. 将油三角用竹签穿成串，放到刷过食用油的烧烤架上，用小火烤1分钟。
2. 烤串上刷上适量食用油。
3. 翻转烤串，再刷上少许食用油。
4. 用小刀在油三角上戳小口。
5. 油三角上刷上适量烧烤汁。
6. 油三角上撒上食盐、烧烤粉、孜然粉、辣椒粉，用小火烤1分钟至入味。
7. 翻转油三角，继续在油三角上戳小口，撒入食盐、烧烤粉、孜然粉、辣椒粉。
8. 刷上适量烧烤汁，用小火续烤2分钟至入味。
9. 将烤好的油三角装入盘中即可。

小提示：油三角水分含量比较少，烤制时要多翻转几次，以免烤煳影响口感。

烤豆皮卷

8分钟　　2人份

原料

豆皮100克

调料

烧烤粉5克，孜然粉5克，辣椒粉、食盐各2克，烧烤汁10毫升，食用油适量

/做法/

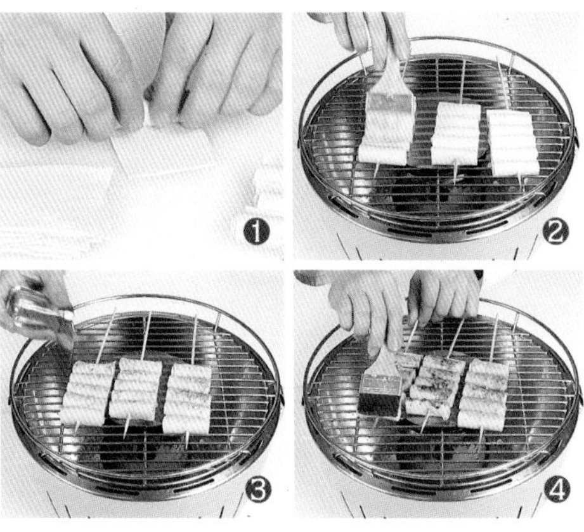

1. 将豆皮卷起切成三等份后，打开豆皮，依次叠起，对半切开，再将豆皮卷成卷，用竹签穿成串。
2. 烧烤架上刷食用油，放上豆皮串，豆皮串两面分别刷上食用油，用中火烤2分钟至变色。
3. 豆皮串两面均匀地撒上食盐、烧烤粉、孜然粉、辣椒粉，用中火烤3分钟至上色。
4. 再刷上烧烤汁，用中火烤1分钟至熟，将烤好的豆皮串装入盘中即可。